"十四五"时期国家重点出版物出版专项规划项目

面向2035：中国生猪产业高质量发展关键技术系列丛书

总主编　张传师

母猪批次管理技术

○主　编　母治平　崔茂盛
○顾　问　刘　彦

U0219330

中国农业大学出版社
·北京·

内 容 简 介

本书系统介绍种母猪引进与选育、母猪批次管理的繁殖生理、母猪批次管理饲料营养配合和饲养技术、母猪繁殖障碍性疾病的防控技术、母猪批次生产关键技术和批次生产技术应用等知识，并结合中国生产实际，对一些关键技术采用视频形式进行讲解，更有利于养猪从业者学习和运用母猪批次管理技术。

本书主要面向养猪生产管理人员、技术人员和养猪户，可作为培训资料或参考书，也可供相关科研单位人员、畜牧兽医职业院校师生等参考使用。

图书在版编目(CIP)数据

母猪批次管理技术 / 母治平，崔茂盛主编. --北京：中国农业大学出版社，2021.10

（面向2035：中国生猪产业高质量发展关键技术系列丛书）

ISBN 978-7-5655-2649-7

Ⅰ.①母… Ⅱ.①母…②崔… Ⅲ.①母猪-饲养管理 Ⅳ.①S828.9

中国版本图书馆 CIP 数据核字(2021)第 215958 号

书　　名	母猪批次管理技术
作　　者	母治平　崔茂盛　主编

执行总策划	王笃利　董夫才	责任编辑	赵 艳
策划编辑	赵 艳	封面设计	郑 川
出版发行	中国农业大学出版社		
社　　址	北京市海淀区圆明园西路2号	邮政编码	100193
电　　话	发行部 010-62733489,1190	读者服务部 010-62732336
	编辑部 010-62732617,2618	出 版 部 010-62733440
网　　址	http://www.caupress.cn	E-mail cbsszs@cau.edu.cn
经　　销	新华书店		
印　　刷	涿州市星河印刷有限公司		
版　　次	2022年1月第1版　2022年1月第1次印刷		
规　　格	170 mm×240 mm　16开本　13.5印张　255千字		
定　　价	58.00元		

图书如有质量问题本社发行部负责调换

丛书编委会

主编单位 中国生猪产业职业教育产学研联盟
中国种猪信息网 &《猪业科学》超级编辑部

总　策　划 孙德林　中国种猪信息网 &《猪业科学》超级编辑部

总　主　编 张传师　重庆三峡职业学院

编　　　委 （按姓氏笔画排序）

马增军　河北科技师范学院

仇华吉　中国农业科学院哈尔滨兽医研究所

田克恭　国家兽用药品工程技术研究中心

冯　力　中国农业科学院哈尔滨兽医研究所

母治平　重庆三峡职业学院

刘　彦　北京市农林科学院畜牧兽医研究所

刘震坤　重庆三峡职业学院

孙德林　中国种猪信息网 &《猪业科学》超级编辑部

李　娜　吉林省农业科学院

李爱科　国家粮食和物资储备局科学研究院

李家连　广西秀博基因科技股份有限公司

何启盖　华中农业大学

何鑫淼　黑龙江省农业科学院畜牧研究所

张传师　重庆三峡职业学院

张宏福　中国农业科学院北京畜牧兽医研究所

张德福　上海市农业科学院畜牧兽医研究所

陈文钦　湖北生物科技职业学院

陈亚强　重庆三峡职业学院

林长光　福建光华百斯特集团有限公司

彭津津　重庆三峡职业学院

傅　衍　浙江大学

潘红梅　重庆市畜牧科学院

执行总策划 王笃利　中国农业大学出版社

董夫才　中国农业大学出版社

◆◆◆◆◆◆ 编写人员

主　　编　母治平　重庆三峡职业学院
　　　　　　　　　　重庆市生猪产业技术体系创新团队
　　　　　　崔茂盛　天津市农业科学院畜牧兽医研究所

副 主 编　闻爱友　安徽科技学院
　　　　　　赵云翔　佛山科学技术学院
　　　　　　　　　　广西扬翔股份有限公司
　　　　　　郭　雷　山东省滕州市畜牧渔业事业发展中心
　　　　　　张　丹　天津市动物疫病预防控制中心

参　　编　（按姓氏笔画排序）
　　　　　　朱　燕　重庆市畜牧技术推广总站
　　　　　　　　　　重庆市生猪产业技术体系创新团队
　　　　　　刘晓坤　宁波第二激素厂
　　　　　　吴　梦　广西扬翔股份有限公司
　　　　　　余朝福　南充佳美现代农业发展有限公司
　　　　　　周　玉　广西扬翔股份有限公司
　　　　　　郑　梓　天津市农业科学院畜牧兽医研究所
　　　　　　胡　洪　安徽科技学院
　　　　　　钱星宇　宁波第二激素厂
　　　　　　殷　茵　天津市动物疫病预防控制中心
　　　　　　崔贞亮　宁波三生生物科技股份有限公司
　　　　　　喻维维　重庆三峡职业学院

顾　　问　刘　彦　北京市农林科学院畜牧兽医研究所

主编单位　重庆三峡职业学院
　　　　　　天津市农业科学院畜牧兽医研究所
　　　　　　宁波第二激素厂

总　序

党的十九届五中全会提出，到 2035 年基本实现社会主义现代化远景目标。到本世纪中叶，把我国建成富强民主文明和谐美丽的社会主义现代化强国。要实现现代化，农业发展是关键。农业当中，畜牧业产值占比 30％ 以上，而养猪产业在畜牧业中占比最大，是关系国计民生和食物安全的重要产业。

改革开放 40 多年来，养猪产业取得了举世瞩目的成就。但是，我们也应清醒地看到，目前中国养猪业面临的环保、效率、疫病等问题与挑战仍十分严峻，与现实需求和国家整体战略发展目标相比还存在着很大的差距。特别是近几年受非洲猪瘟及新冠肺炎疫情的影响，我国生猪产业更是遭受了严重的损失。

近年来，我国政府对养猪业的健康稳定发展高度重视。2019 年年底，农业农村部印发《加快生猪生产恢复发展三年行动方案》，提出三年恢复生猪产能目标；受 2020 年新冠肺炎疫情的影响，生猪产业出现脆弱、生产能力下降等问题，为此，2020 年国务院办公厅又提出关于促进畜牧业高质量发展的意见。

2014 年 5 月习近平总书记在河南考察时讲到：一个地方、一个企业，要突破发展瓶颈、解决深层次矛盾和问题，根本出路在于创新，关键要靠科技力量。要加快构建以企业为主体、市场为导向、产学研相结合的技术创新体系，加强创新人才队伍建设，搭建创新服务平台，推动科技和经济紧密结合，努力实现优势领域、共性技术、关键技术的重大突破。

生猪产业要实现高质量发展，科学技术要先行。我国养猪业的高质量发展面临的诸多挑战中，技术的更新以及规范化、标准化是关键的影响因素，一方面是新技术的应用和普及不够，另一方面是一些关键技术使用不够规范和不够到位，从而影响了生猪生产效率和效益的提高。同样的技术，投入同样的人力、资源，不同的企业产出却相差很大。

企业的创新发展离不开人才。职业院校是培养实用技术人才的基地，是培养中国工匠的摇篮。中国生猪产业职业教育产学研联盟由全国 80 多所职业院校以及多家知名养猪企业和科研院所组成,是全国以猪产业为核心的首个职业教育"产、学、研"联盟,致力于协同推进养猪行业高技能型人才的培养。

为了提升高职院校学生的实践能力和技术技能,同时促进先进养猪技术的推广和规范化,中国生猪产业职业教育产学研联盟与中国种猪信息网&《猪业科学》超级编辑部一起,走访了解了全国众多养猪企业,在总结一些知名企业规范化先进技术流程的基础上,围绕养猪产业链,筛选了影响养猪企业生产效率和效益的 12 种关键技术,邀请知名科学家、职业院校教师和大型养猪企业技术骨干,以产学研相结合的方式,编写成《面向 2035:中国生猪产业高质量发展关键技术系列丛书》。该系列丛书主要内容涵盖母猪营养调控、母猪批次管理、轮回杂交与种猪培育、猪冷冻精液、猪人工授精、猪场生物安全、楼房养猪、智能养猪与智慧猪场、猪主要传染病防控、非洲猪瘟解析与防控、减抗与替抗、猪用疫苗研发生产和使用等 12 个方面的关键技术。该系列丛书已入选《"十四五"时期国家重点图书、音像、电子出版物出版专项规划》。

本系列图书编写有 3 个特点:第一,关键技术规范流程来自知名企业先进的实际操作过程,同时配有视频资源,视频资源来自这些企业的一线实际现场,真正实现产教融合、校企合作,零距离,真现场。这里,特别感谢这些知名企业和企业负责人为振兴民族养猪业的无私奉献和博大胸怀。第二,体现校企合作,产、教结合。每分册都是由来自企业的技术专家与职业院校教师共同研讨编写。第三,编写团队体现"产、学、研"结合。本系列图书的每分册邀请一位年轻有为、实践能力强的本领域权威专家学者作为顾问,其目的是从学科和技术发展进步的角度把控图书内容体系、结构,以及实用技术的落地效应,并审定图书大纲。这些专家深厚的学科研究积淀和丰富的实践经验,为本系列图书的科学性、先进性、严谨性以及适用性提供了有利保证。

这是一次养猪行业"产、学、研"结合,纸质图书与视频资源"线上线下"融合的新尝试。希望通过本系列图书通俗易懂的语言和配套的视频资源,将养猪企业先进的关键技术、规范化标准化的流程,以及养猪生产实际所需基本知识和技能,讲清楚、说明白,为行业的从业者以及职业院校的同学,提供一套看得懂、学得会、用得好,有技术、有方法、有理论、有价值的好教材,助力猪业的高质量发展和猪业高素质技能型人才的培养,助力乡村振兴,为全面建设社会主义现代化国家、实现中华民族伟大复兴的中国梦提供有力的人才和技能支撑。

孙德林　张传师

2022 年 1 月

◆◆◆◆◆ 前　言

　　母猪批次管理是根据母猪群规模按生产计划分群,按生产计划补充后备母猪,并利用生物技术,使同批次经产母猪和后备母猪达到同期发情、同期配种和同期分娩的目的,是一种提高猪场母猪群繁殖性能的高效可控管理体系。与传统的连续生产模式相比,批次生产管理能真正实现猪场的"全进全出",有效阻断疾病在不同批次猪群间的传播,提高猪群健康水平;提高饲料转化效率,减少栏舍、兽药及疫苗等浪费,降低生产成本;优化母猪利用率和周转率,提高养猪生产效率和经济效益。

　　母猪批次管理技术的发展离不开人工授精技术的发展和普及,定时输精技术的成功应用更是推动了批次管理技术的发展。德国于20世纪四五十年代开始研究定时输精技术,70年代末开始大量应用,至1990年,东德110万头母猪中,86%的母猪采用定时输精技术实现了批次生产,充分挖掘了母猪生产潜能和猪场生产资源,并实现了全年均衡生产。目前,法国40%猪场采用3周批次生产模式。批次生产已逐渐成为养猪发达国家猪场推广应用的主要生产管理方式。

　　当前我国养猪业正面临非洲猪瘟防控和产业转型升级的关键时期,母猪批次生产正好顺应了疫病防控和产业发展形势需要,对我国非洲猪瘟防控和猪场转型升级具有重要意义。我国猪场批次生产尚处于起步阶段,"十二五"后期,才陆续出现母猪定时输精与批次生产的报道,但由于技术不完善,取得的效果差异较大。近几年,虽然国内高等院校、科研院所、规模养猪企业和制药企业,加大了对母猪定时输精与批次生产技术及关键药物研发,已取得较好效果,但市场上仍缺乏对母猪批次管理相关知识和技术的系统阐述。

　　本书编写人员由农业高校、科研院所、母猪批次应用猪场和制药企业等多位专家组成,结合科研成果及一线生产实际,以"照顾系统性、突出实用性"为原则,开展本书的编写工作。本书主要内容包括绪论、种母猪的引进与选育、母猪批次管理的繁殖生理知识、母猪批次管理饲料营养配合技术、母猪批次管理饲养技术、母猪繁殖障碍性疾病的防控技术、母猪批次生产关键技术、母猪批次生产技术应用和国内外母猪批次生产技术研发和应用。本书力求以通俗的语言,将母猪批次管理技术中的相关知识和技能阐述清楚,特将一些关键技术拍摄了视频,读者扫描相应位置的二维码即可观看,以便读者掌握核心内容。

本书由母治平、崔茂盛主编,具体编写分工如下:第1章由余朝福、母治平、钱星宇编写;第2章和第9章由崔茂盛、郑梓、张丹编写;第3章由喻维维、母治平、朱燕编写;第4章由闻爱友、郭雷、胡洪编写;第5章由闻爱友编写;第6章由张丹、崔茂盛、殷茵编写;第7章由刘晓坤、崔贞亮编写;第8章由赵云翔、吴梦、周玉编写,全书由母治平统稿。

在本书编写过程中,北京市农林科学院畜牧兽医研究所刘彦研究员、中国种猪信息网 &《猪业科学》超级编辑部总编辑孙德林教授对书稿大纲进行了仔细的审阅,提出了许多宝贵的意见和建议;台湾动物科技研究所刘学陶老师提供了大量的生猪照片,广西扬翔股份有限公司刘向东提供了第8章的部分图片,科技帮扶宝坻生猪团队李志、付永利、于海霞以及宁波第二激素厂录制和提供了部分视频,谨此深表感谢。

本书主要面向养猪生产管理人员、技术人员和养猪户,可作为培训资料或参考书,也可供相关科研单位人员、畜牧兽医职业院校师生等参考使用。

由于编写时间紧迫、编者水平有限,尽管我们做了很大努力,但书中错漏和不妥之处在所难免,恳请广大读者指正。

编　者
2021 年 10 月

●●●●●● 目　录

第1章

绪　论

【本章提要】我国养猪业长久以来采用自繁自养的传统生产模式，然而这种生产模式存在一些生产上的弊端，如生物安全风险高、疫情防控难度大、母猪利用率较低、生产周期不均衡等。近些年来，西方发达国家传入的批次生产模式很好地解决了这些弊端，并且正在普遍使用。本章主要介绍母猪批次管理技术的发展历程、实践中的意义、目前应用的情况以及未来的发展趋势，便于从事养猪行业的人员了解"批次生产"的发展历程，感受该技术给养猪行业带来的变化。

1.1　母猪批次管理技术的发展历程

"批次生产"指的是将原有连续性生产模式（每天或者每周都有配种、分娩、断奶、销售的工作），改为在固定时间段将生产工作间隔分明而且有规律的完成（表1-1）。母猪批次生产管理技术主要包括后备母猪同期发情、空怀母猪同期发情、哺乳母猪统一断奶、定时输精和同期分娩。

表 1-1　三周批生产流程

时间	星期日	星期一	星期二	星期三	星期四	星期五	星期六
第1周	第一天使用同期发情药/产房清洗消毒	配种/使用同期发情药/产房清洗消毒	配种/使用同期发情药/产房清洗消毒	配种/使用同期发情药/产房清洗消毒	配种/使用同期发情药/产房清洗消毒	只进行必要的复配/使用同期发情药/产房清洗消毒	配种后24 d结束查返情/使用同期发情药/产房清洗消毒

续表 1-1

时间	星期日	星期一	星期二	星期三	星期四	星期五	星期六
第 2 周	使用同期发情药/后期猪上产床	使用同期发情药/后期猪上产床	使用同期发情药/待产/B 超妊娠检查	使用同期发情药/待产/B 超妊娠检查	使用同期发情药/待产	使用同期发情药/产仔	使用同期发情药/产仔
第 3 周	使用同期发情药/产仔	使用同期发情药/产仔	使用同期发情药/产仔	最后一天使用同期发情药	配种后 18 d 开始查返情/断奶母猪	断奶仔猪	断奶仔猪

1.1.1 欧洲母猪批次管理技术的发展历程

母猪批次生产管理最早源于欧洲发达的工业基础所形成的工业批次管理,基于欧洲农业逐渐的成熟化、猪场员工的劳动福利、生物安全要求的提高、劳动力成本管控等因素,逐步磨合转变为一整套适合母猪等畜禽动物的生产管理体系。

母猪批次管理技术的发展离不开人工授精技术的发展和普及,定时输精技术和同期分娩技术的成功应用更是推动了批次管理技术的发展。1949 年,美国威斯康星大学 Tanabe 等利用绵羊垂体提取物进行母猪同期排卵和人工授精技术联用探索,为定时输精技术研究奠定了基础。随着,生殖生理与繁殖调控技术研究的深入,尤其是后备母猪繁殖生理同步化关键调控药物——烯丙孕素成功研发,基于烯丙孕素、孕马血清促性腺激素(PMSG)和促性腺激素释放激素(GnRH)的母猪同期排卵定时输精技术逐渐建立。随后,欧美等畜牧业发达国家和地区利用前列腺素、缩宫素或卡贝缩宫素等药物又建立了分娩控制技术,实现了母猪同步分娩。定时输精与同期分娩技术的成功,使批次生产得到了快速实施。20 世纪 80 年代欧美已在开始运用批次生产,但一直面临效率瓶颈。随着技术不断完善与进步,1990 年,东德 110 万头母猪中,86% 通过定时输精实现了批次生产,充分挖掘了母猪生产潜能和猪场生产资源,并实现了全年均衡生产,标志着该技术的成功。

1990 年东西德合并,东德猪场平均规模 300 头,使用批次生产管理和定时输精技术的东德母猪占母猪总数的 80%。而西德猪场的平均规模仅有 60 头,采用批次管理技术的母猪约占母猪总数的 25%,截至目前,经过 40 年的应用实践,德国开始全面推行母猪批次生产管理。

多年应用实践表明,定时输精技术对母猪没有副作用和后遗症的发生。有研究表明:母猪连续使用定时输精技术 4 胎后,观察以后胎次的发情、分娩、产仔数都没有改变。定时输精技术已试验至第 10 代,没有发现后代有繁殖障碍问题,这些研究为母猪批次管理技术在养猪行业的推广应用提供了科学依据。

诺贝尔舒次猪场从1983年建场开始长期采用定时输精技术,已有30余年的历史,2000年后采用母猪批次生产管理技术,2013年该场平均配种分娩率约为88%,平均每头母猪生产断奶仔猪28头,是德国最高的母猪繁殖场之一。

1.1.2　我国母猪批次管理技术的发展阶段

与国外相比,我国母猪批次管理技术发展较晚,国内批次生产管理技术最早由"北京六马华多种猪有限公司"引进该理念,2013年,由台湾刘学陶教授开始在国内培训推广德国式批次生产管理技术,最先在厦门国寿种猪开发有限公司开始推动实行,四川天兆猪业股份有限公司最早开始大规模实施批次生产。2016年,中国农业大学联合国内高等院校、科研院所、规模养猪企业和制药企业,成立了全国母猪定时输精技术产业化应用与开发协作组,并获得"十三五"国家重点研发计划项目资助,系统进行了母猪定时输精与批次生产技术及关键药物研发,协作组先后组织5次研讨会,同时,组织技术人员多次赴德国养猪企业考察,有效推动了母猪批次生产技术研发与应用。

1.2　母猪批次管理技术在养猪生产实践中的意义

母猪批次生产管理及相关技术并不是为了追求高产仔数,而是作为一种管理措施来提高猪场生产效率,主要是提高猪场生物安全等级,提高饲料转化效率,减少栏舍、兽药及疫苗等浪费,优化母猪利用率和周转率,管理的简单化与节约劳动力成本等。

1.2.1　有利于提高猪场生物安全等级

提高生物安全水平是当前猪场最重要的工作。从2018年8月3日国内第一例非洲猪瘟疫情报道后,绝大部分养殖企业对猪场生物安全体系进行了不断的优化升级,使养猪行业的生物安全水平得到了质的提升。其中很多企业通过改变生产模式对生物安全进行防控,也就是使用批次生产管理。

非洲猪瘟与其他重大疾病的预防无非从以下5个关键点进行控制:猪只、环境、车辆、人员、物资。批次生产管理通过减少猪只进出、接触频率,降低环境带毒量,减少车辆、人员、物资与猪场的接触频率,从而提高生物安全水平,预防非洲猪瘟及其他重大疾病。

1. 猪只方面

在传统饲养模式下,后备母猪和空怀母猪的利用率低,淘汰量大,引种次数多,仔猪断奶转出、保育转出次数多。批次生产模式提高母猪的利用率,将淘汰时间集中在孕检后,集中淘汰。每年制定引种计划,减少引种次数。对断奶仔猪、保育猪进行批次转出,减少转场次数,从而减少猪只进出所带来的风险。同时产仔舍每批次全进全出,给产仔舍留出彻底清洗消毒及干燥的时间,杀灭或降低圈舍病菌含量,可有效切断猪只之间的交叉途径。

2. 环境方面

环境主要管控两大方面,一方面是猪场外环境,另一方面是猪场内环境。猪场外环境通过设置三级消毒点,对车辆、人员、物资进行多次洗消、雾化、熏蒸、烘干等措施,同时对猪场外围地面道路进行长时间不间断的消毒,从而减少猪场外围病毒的带毒量,形成有效隔离带。猪场内环境同样重要,对猪只的带猪消毒,对生产车间的冲洗消毒、熏蒸消毒,对场内道路进行净、污分离,日常消毒,对人员进出车间洗澡、更换衣物、洗手消毒、脚踏消毒、随身物品酒精消毒,对房屋建筑进行密闭臭氧消毒,从而切断猪场内环境病毒的传播途径。

3. 车辆方面

鉴于批次生产管理的节律性,能够减少引种车、转场车、卖猪车、病死猪拖车、饲料车进场频次。同时对车辆在外界先进行预洗消,然后进行采样,检测合格后,再开往猪场的第一级消毒点进行洗消,可以最大程度减少车辆带来的生物安全风险。

4. 人员方面

批次生产可分为高峰期和休整期,场内生产人员可以在休整期集中进行休假、隔离。场外后勤人员能够减少与隔离人员接触的次数,减少与司机、猪只接触的次数。人员进出场严格执行多次洗消流程,隔离时间48 h以上,人员样品结果呈阴性方能进场。

5. 物资方面

物资同样进行批次消毒、多道消毒流程,减少物资频繁转运的次数,从而减少物资携带病毒与场内接触的风险。降低外来物资(如精液、疫苗等)的带毒风险,减少这些物资与猪只接触频率。通过集中转移、集中生产使用,不仅可以大幅度缩短库存周期,提高库房利用率,还可以彻底清理消毒库房。

1.2.2 有利于健康管理和疾病防控

目前国内猪场存在的健康问题主要是:疾病难以防控;猪群妊娠、哺乳、保育、育肥日龄差异大,免疫合格率低;消毒和空栏得不到保证;猪场全程死亡率高。

在国内当前的养殖环境下,为保证猪群健康和提高疾病防控能力,唯一办法就是实行批次生产管理,做到全进全出。这样有利于猪栏的清洗、消毒、干燥,可有效阻断疾病的传播、循环,对疾病传播的三要素(传染源、传播途径、易感动物)都有较好的阻断作用,从而做到有效地控制疾病发展,降低猪只的死亡率,使得全阶段过程中疫苗和药物的使用成本大大降低。同时更加有利于保证怀孕母猪、哺乳母猪、仔猪、保育猪及育肥猪日龄的一致性,减少不必要的疫苗免疫或者推迟疫苗的时间,进而提高免疫合格率,降低个体间疫病的交叉感染。

怀孕母猪的胎次管理也有利于不同批次母猪、不同胎次母猪的分阶段药物保健,从而提高猪群整体健康水平。相比于传统均衡生产模式,仔猪出生间隔时间过长,仔猪的免疫可能相差 7 d 左右,导致免疫抗体水平不一致,然而批次生产模式,仔猪出生的间隔时间平均不超过 3 d,这样对仔猪的免疫管理十分有利,整体提高仔猪机体的免疫力。

在仔猪寄养方面,出生的仔猪可能需要其他母猪进行代养,而最佳的寄养时间最好是在出生后 12～24 h,使得仔猪寄养后能够及时吃到初乳,超过这个时间对仔猪寄养是不利的,而批次生产管理下的猪场由于同期分娩,有足够的母猪可以进行寄养,保证每批次仔猪大小均匀度高,提高猪群整体抵抗力,减少病弱猪对外排毒。

1.2.3 有利于提高母猪的繁殖效率

母猪批次生产管理的类型包括以下两种:法国式(简式批次生产)与德国式(精准批次生产)。

法国式(简式批次生产)运用技术如下:

后备母猪、空怀母猪采用烯丙孕素饲喂法:达到性周期同步化;哺乳母猪采用统一断奶法:达到性周期同步化。

德国式(精准批次生产)运用技术如下:

母猪定时输精技术;性周期同步化技术(烯丙孕素＋同时断奶);卵泡发育同步化技术(PMSG);排卵同步化技术(GnRH);配种同步化技术(AI＋缩宫素);母猪分娩同步化技术(PGF2α＋卡贝缩宫素)。

1.2.3.1 提高母猪繁殖效率

以上两种批次生产类型对提高猪场繁殖效率的共同优势,能够解决隐性发情的后备母猪配种问题;能够解决头胎母猪的隐性发情问题;能够提高母猪静立反应比例,缩短季节性差距;能够解决非典型发情母猪的配种问题。对后备母猪实施精准批次生产的数据进行分析,采用精准批次生产的后备母猪的实际利用率高达85％～90％,高于连续生产状态下后备母猪的利用率(70％～80％),还能提高后备母猪的妊娠率和分娩率,但对后备母猪的产仔率没有影响。

1.2.3.2 提高仔猪生产产能

批次生产管理过程中使用激素刺激母猪超数排卵,提高母猪的年生产力(PSY);其次,同批母猪集中分娩能够减少仔猪应激、死胎和弱仔,便于仔猪寄养,奶妈猪多,提高成活率;能够统一保健,提供安静的生活环境,减少拉稀、减少弱仔数量、提高生产速度和均一性。

1.2.4 有利于提高猪场的劳动生产力

批次生产管理能够将猪场所有关键事项的工作集中起来,集中配种、集中分娩、集中断奶、集中销售。使得猪场员工能够在某一个时间段内集中精力做某一件事,让猪场的生产管理更有效率、更有计划性,从而提高工作效率,提高劳动生产率。

一般来说,新建的猪场在修建之前,就应该确定好批次生产类型。批次生产管理的关键就是,猪场白板管理,就是构建一张记录全年每个生产批次的成绩表与全年同期发情表。做到"计划好你的猪场,然后按照你的计划去养猪"。

根据确定好的批次类型,再对猪场进行布局,对限位栏和产床的数量进行匹配,对岗位进行人员定编,有效地提高员工的劳动生产率,达到降本增效。

1.2.5 有利于均衡、有序、满负荷的生产管理

传统的生产管理与批次生产管理相比,较为迟缓、混乱,毫无章法可言。这是因为传统的生产管理模式经常受品种、营养、季节、胎次、环境等因素的影响,无法实现有计划的均衡生产,也不利于圈舍栏位、设施设备的充分利用,达不到满负荷甚至超负荷的生产管理。

而批次生产管理能够更合理地规划劳动力,提高工作效率,充分发挥现有设施设备的利用率,也会使母猪繁殖状态同步化,从而保证消毒时间、空栏时间和干燥时间,更有利于卫生管理。

生产管理的优势有以下几点:①饲养管理。各批次母猪怀孕时间一致并数量较多,便于不同阶段能够执行不同的饲喂方案。②保健管理。对母猪群体、仔猪群体进行统一的保健(药物、剪牙断尾、补铁阉割等),减少群体应激。③免疫管理。各批次集中进行免疫、抗体检测、从而提高猪群整体的免疫水平。④转群管理。猪群根据批次、胎次进行集中管理,批次统一进行转群,提高转群效率。⑤育种管理。集中进行选育,优中选优,减少入群后的麻烦。

人员管理的优势有以下几点:①事项明确。每批配种数量、时间,分娩数量、时间提前明确,人员按部就班。②人才培养。集中生产、统一行动、提高工作技能、轮岗全面发展。③减少依赖。批次化程序流程简单,容易熟悉,可以减少岗位对人员的依赖性。④团队氛围。相互协作、增加交流、休息时间增加、提高员工乐业度。⑤绩效考核。对人员进行批次考核、批次绩效发放简单,便于人员改进与经验积累。

1.2.6 有利于改善猪场的总体经济效益

受目前非洲猪瘟的影响,当前国内猪场养殖成本大大增加,需要采取更多降本

增效的措施,才能够提高猪场的总体经济效益。而与传统生产模式相比,批次生产管理在降低生产成本上具有更加显著的优势。

在国内当前的养殖环境下,只有保持猪群健康才能降低生产成本,而解决和维持猪群健康的唯一方法就是实现彻底的全进全出。同时批次生产管理的根本目的就是实现均衡满负荷甚至超负荷生产。

提高猪场经济效益主要通过以下4个方面得到体现。

1. 降低饲料成本

批次集中生产,可对各阶段猪只选择相对应的饲料进行精准营养,同时对不同怀孕期的母猪采取不同的饲喂量,减少饲料的浪费,降低饲料成本。减少猪群不均匀的现象,增加料肉比。

2. 减少药物及疫苗成本

批次集中生产,猪群做到全进全出、圈舍做到彻底清洗消毒,从而切断病原体交叉传播的途径,减少猪只发病、减少用药。对于日龄、体重相近的猪只,对疫苗的免疫应答水平大体一致,使猪场的疫苗使用更加精准,减少浪费,防止免疫失败。同时批次生产下,对物资可以进行批次性消毒,不仅可以延长消毒或熏蒸机器的使用寿命,还可以降低消毒药物的使用量,节约消毒药物的成本。

3. 减少直接和间接人工成本

批次生产管理可以使工作专业化、集约化、流程化,减少人员定额,使人员工作效率提升,从而降低人工成本。

4. 降低种猪及固定资产折旧成本

批次生产可以提高后备母猪、异常母猪的利用率,减少母猪异常淘汰,减少母猪折旧成本。同时通过批次生产相关技术,将后备母猪精准导入到生产母猪群,使场内限位栏、产床、相关设施设备充分利用,保证猪场每批次实现满负荷生产,减少固定资产折旧成本。

目前中国猪场生产管理的重点是提高产胎数和产仔数等,但是在德国良好的管理条件下,着重强调的是减少生产的波动和生产更多的断奶仔猪。要实现以上几点,批次生产就是一个很重要的因素,各项生产的同期化使仔猪断奶、体重、健康状况呈现出较多的一致性,降低了猪群的发病概率,从而可以减少健康管理的成本和其他多项生产成本。

1.3 母猪批次管理技术应用现状及发展趋势

1.3.1 母猪批次管理技术的应用现状

目前母猪批次管理技术大概可以分为5种类型,分别是一周批、二周批、三周批、四周批、五周批。而国内运用得最多的类型就是三周批、四周批、五周批,同样也各有优劣,表1-2将5种类型的特点一一列举。

表 1-2　批次生产类型

批次类型	一周批	二周批	三周批	四周批	五周批
产仔舍运转一次循环周期/d	35	28	42	28	35
产仔舍分为几组运行	5	2	2	1	1
一批猪循环一次时间/d	140	140	147	140	140
哺乳时间/d	21	21	28	21	21
猪群分为几批次	20	10	7	5	4
全年生产批次数	52.14	26.07	17.38	13.04	10.42

1.3.1.1　简式与精准式差异现状

批次生产管理技术可以分为简式生产模式和精准式生产模式两种。

最早开始的是简式生产模式,简式生产模式是通过对后备母猪与空怀母猪饲喂烯丙孕素和哺乳母猪同期断奶两种方式来达到同步性周期的目的,如果采用这种模式,就不需要使用其他激素对母猪进行处理。

这种模式的一个显著特点就是必须要进行发情鉴定,在具体操作过程中,对猪场操作人员的技术要求比较高,不过由于这种模式在后期不需要用相关激素再进行处理,所以简式生产模式从工作量、操作层面上对猪场一线人员相对轻松。但是这种模式需要操作人员精准判断母猪是否发情。目前国内种猪基本以加系、丹系、法系等外来种猪为主,发情表现不明显,所以对于一些新手来说,可能最开始查情的时候会漏掉隐性发情,或者判断失误。

而精准式生产模式在简式生产模式的基础上,还依靠多种激素来控制卵泡的发育和排卵,各种激素的使用时间也有严格的控制,不过它并不需要进行发情鉴定,就可以进行定时输精。所以,这种模式在流程上复杂,但是操作上相对比较简单,不管有没有发情症状,都可以按照时间来定时输精。

所以以上两种模式都各有特点,养殖场可以根据技术人员及劳动力等各方面条件综合选择,不管选择哪种模式,都能有效提高种猪的繁殖效率。

1.3.1.2　批次生产管理的局限性

1. 母猪年更新率高

批次生产管理过程中,必然会使用到各种生殖激素,一些猪场在使用生殖激素的过程中,方案过于理想化,不加分辨地盲目使用,很容易给猪场母猪生理上带来一系列意想不到的严重问题。一些母猪长时间服用、注射激素会出现内分泌紊乱、久配不孕而失去种用价值,导致母猪年淘汰更新率高。

批次生产管理要想达到理想的生产成绩,对母猪的生产性能、胎龄结构、体况特征都有非常严格的淘汰标准,当经产母猪不再适合生产或者生产性能低于后备母猪时,就需要对母猪进行淘汰。在荷兰,批次生产管理的猪场母猪平均年更新率在45%左右,而目前我国的猪场母猪平均年更新率在30%左右,远远低于国外水平。

2. 后备母猪补充多

母猪的年更新率高,也会导致猪场的后备母猪补充数量需求多。需要入群的后备母猪还需要提前进行诱情操作,选择有两次发情记录的后备母猪进群,同样造成后备母猪的需求量增大,要想达到满负荷甚至超负荷生产,每批次需要补充不同日龄的后备母猪,才能使生产效益最大化,这一点同样对后备母猪管理的要求增加。

3. 非生产天数增加

批次生产管理相比于传统生产模式,配种时间已经锁定。部分后备母猪在体重、日龄达标的情况下,会自然发情,同时返情、空怀、流产的母猪发情后不能立即配种,需要按照生产节律,加入配种批次里面再次通过激素调节后配种,会造成母猪非生产天数的增加。

4. 公猪精液需求大

由于配种时间的集中,本场少量的公猪不能在短时间内提供足够的合格精液,只能选择自建公猪站和外采精液,不过这两种方法也同样存在弊端。自建公猪站,需要对人员有着较高的要求,还需要投入大量的资金,公猪的淘汰更新率同样高。外采精液的话,距离的长短、精液的质量是首要需要考虑的问题。

5. 人员技能要求高

实行批次生产管理的场,对于人员的要求不仅仅只是传统的要求,更需要对批次化流程相对熟悉的技能能手,因批次生产工作比较集中,不容许在流程上出现错误,一旦出现问题,影响的不仅仅是一个批次,对人员的培养工作也就尤为重要了。

1.3.1.3 各批次应用优劣对比

1. 三周批优劣对比

优势:三周批是批次生产中生物安全级别最高的,有足够的时间对产房进行空栏清洗、消毒干燥,能够有效地阻断其他疾病的传播。配种、产仔时间分明,不会出现人员拥挤的现象,哺乳时间为28 d,仔猪断奶均重能达到6 kg以上。返情、空怀、流产猪只能够及时处理,上一个批次的返情猪只刚好接上本批次配种,有利于非生产天数的控制。最小单元化模式下能灵活应用,可以整场一个批次化流程,也可以各个小单元独立运行批次化流程,不管规模大小,均可以操作执行。

劣势:按照正常的时间推算,年产胎次略低于四周批、五周批,并且产床的需求明显要高于其他批次生产模式。

2. 四周批优劣对比

优势:四周批生产模式的年产胎次要高于其他批次生产模式,产床的需求量低,固定资产相对投入较低,同时母猪年生产力(PSY)、每年每头母猪出栏肥猪头数(MSY)均高于其他批次生产模式,全年 13 个批次,基本上每个月都有断奶,对行情的波动情况影响不大。

劣势:四周批生产模式对于人员操作要求非常高,时间把控非常严格,如果稍微在时间节点上控制不当,很可能造成配种和产仔时间冲突。员工的工作强度非常大,就会出现忙时人员紧缺,闲时人员拥挤的情况。四周批哺乳仔猪实行的是 21 d 断奶,但是平均哺乳天数基本上达不到 21 d,对于高产性能的母猪,会导致断奶仔猪体重较轻,对于销售或者自养的难度要高于其他批次生产模式。并且四周批生产模式的仔猪断奶必须转走,没有时间用于留栏饲喂,断奶仔猪必须配套相应的保育舍用于中转,否则会影响下一个批次母猪分娩。

3. 五周批优劣对比

优势:适用于 800 头以下规模场的大批量产出。

劣势:批次间隔时间长,全年产出 10 个批次,行情波动情况下,销售压力会变大,返情、空怀、流产猪只不能及时处理,等待下一个批次后处理,其非生产天数至少是 50 d。

1.3.2 母猪批次管理技术未来的发展趋势

2018 年 8 月我国首次暴发非洲猪瘟疫情以来,中国传统模式下的养猪业弊端不断暴露,已经难以适应养猪业的高速发展,加之整个生猪市场都面临严峻挑战,养猪业的养殖模式转型升级已经成为中国养猪业发展的必然趋势。在中国养猪业转型升级的同时,批次生产管理的运用也成为未来转型升级的重要措施。

目前,我国养猪业正处于转型升级的关键时刻,小型养殖场数量的大量减少,企业化养殖规模逐步扩大,种猪生产水平不断提高,但是与欧洲其他发达国家相比仍有很大的差距,国内养猪业仍然存在母猪生产效率低、生物安全风险高等问题。我国养猪企业对于批次生产管理能够解决以往养殖中存在的问题,已经基本达成了共识,但是这项技术在实际运用过程中并非十全十美的,在国内推广的过程中也遇到了一系列的问题。

不过,随着母猪批次生产管理技术在未来的进一步优化,小规模养猪的时代将会成为过去,标准化、规模化、批次化的生产方式的出现,必将给中国养猪业带来翻天覆地的变化。

思考题

1. 简述何为母猪批次生产。
2. 简述两种母猪批次生产的类型及所运用的技术与激素。
3. 简述批次管理在生产方面的优势。

第2章

种母猪的引进与选育

【本章提要】母猪批次管理需按生产计划进行后备母猪的补充以保证猪场均衡、有序、满负荷的生产管理。我国生猪品种结构分为培育品种和地方品种，虽然地方品种猪在肉质、风味、耐粗饲、母性以及繁殖力等方面具有一些独到优势，但受生长速度慢、瘦肉率低以及养殖成本高等限制，目前在规模企业中主要以杜洛克猪、长白猪、大白猪等培育品种为主，部分猪场还有汉普夏猪和皮特兰猪等父本种用培育品种。本章从外来培育品种（品系）特点、批次种猪引进、隔离、驯化、淘汰与更新等方面进行介绍，可为猪场合理引种及引种后科学管理提供参考。

2.1 种猪主要品种介绍

2.1.1 大白猪

2.1.1.1 产地和特点

大白猪又称大约克夏猪，原产于英国约克郡及其英格兰北部的邻近地区，是我国引进的优良瘦肉型猪种之一。该品种是以当地的猪种为母本，引入中国广东猪种和本国莱塞斯特猪杂交育成，1852年正式确定为新品种。约克夏猪分为大、中、小三型。目前世界分布最广的是大约克夏猪，因其体型大、毛色全白，又名大白猪，是世界著名的瘦肉型猪种，在全世界猪种中占有重要地位。目前，我国已引进的大白猪有英国系、法国系、美国系、瑞典系和比利时系等，但以英系大白猪分布较多。

2.1.1.2 体型外貌

头大小适中，面直或微凹，耳竖立。前胛宽，背腰平直，背阔，后躯丰满，体躯呈长方形,见图 2-1 和图 2-2。肢蹄健壮,乳头数 7 对。成年公猪体重 250～400 kg,成年母猪体重 230～350 kg。

2.1.1.3 生长肥育性能

大白猪生长发育快,饲料利用效率高,屠宰后胴体瘦肉含量高。一般 5 月龄左右体重可达 100 kg,从体重 30 kg 至 100 kg 阶段的日增重可达 0.8～0.9 kg,高的可达 1 kg 左右,每千克增重消耗配合饲料 2.5～2.8 kg,体重 100 kg 时屠宰,胴体瘦肉率为 65% 左右,高的可达 66%～68%。

2.1.1.4 繁殖性能

大白猪性成熟较晚,一般 5 月龄后出现第一次发情,发情周期 18～22 d,发情持续期为 3～4 d。一般体重 110～120 kg 时开始配种。初产母猪窝产仔数 9～10 头,经产母猪窝产仔数 10～12 头。

图 2-1 大白公猪

图 2-2 大白母猪

2.1.2 长白猪

2.1.2.1 产地和特点

长白猪原产于丹麦,原名兰德瑞斯猪,是世界上著名的瘦肉型猪种之一。目前,我国引进的长白猪多为丹麦系、瑞典系、荷兰系、比利时系、法国系、德国系、挪威系、加拿大系和美国系,但以丹麦系或新丹麦系长白猪分布最广。

2.1.2.2 体型外貌

长白猪全身被毛为白色,体长,故称长白猪。长白猪头小清秀、耳向前平伸,见图 2-3 和图 2-4,由于近些年长白猪品系群较多,体型外貌并不完全一致,像体躯前窄后宽呈流线型的品种特征已非常少见了。有的长白猪耳型较大,虽也前倾平伸,但略下耷;有的长白猪体躯前后一样宽,流线型已不明显;有的四肢很粗壮,不像以前长白猪四肢较纤细。成年公猪体重 250～400 kg,成年母猪体重 200～350 kg。

2.1.2.3 生长肥育性能

在营养和环境适合的条件下,长白猪生长发育较快。一般 5～6 月龄体重可达 100 kg,肥育期日增重可达 800 g 左右,每千克增重消耗配合饲料 2.5～3.0 kg。国内测定最好的生产性能是 5 月龄体重可达 100 kg,肥育期日增重为 0.9 kg 以上,每千克增重消耗配合饲料 2.3～2.7 kg。体重 100 kg 时屠宰,胴体瘦肉率为 65%～67%。

2.1.2.4 繁殖性能

由于长白猪产地来源不一样,其繁殖性能也不完全一样。一般母猪 7～8 月龄、体重达 110～120 kg 时开始配种。初产母猪窝产仔数一般为 9～11 头,经产母猪窝产仔数为 11～13 头。

图 2-3　长白公猪

图 2-4　长白母猪

2.1.3　杜洛克猪

2.1.3.1　产地和特点

杜洛克猪原产于美国东北部的新泽西州等地,因其被毛呈红色,又称红毛猪。我国最早从美国、匈牙利和日本引入杜洛克种猪。由于杜洛克猪生长快、胴体瘦肉率高,一般在杂交利用中作为终端父本。目前,我国杜洛克猪主要来源于匈牙利、美国、加拿大、丹麦和我国的台湾地区,以我国台湾地区和美国的杜洛克猪分布较多。

2.1.3.2　体型外貌

杜洛克全身被毛呈砖红色或棕红色,色泽深浅不一。两耳中等大,略向前倾,耳尖下垂,见图 2-5 和图 2-6。面部清秀,嘴较短且直。背腰在生长期呈平直状态,成年后有的呈弓形。四肢粗壮结实,蹄呈黑色。成年公猪体重 300～400 kg,成年母猪体重 250～350 kg。

2.1.3.3　生长肥育性能

在饲料营养、管理和环境适宜的条件下,杜洛克猪 5～6 月龄体重可达 100 kg,肥育期日增重可达 800 g 左右,每千克增重消耗配合饲料 2.4～2.9 kg;我国种猪场测定的最好性能记录为日增重 850 g 以上,每千克增重消耗配合饲料 2.3～2.7 kg。体重 100 kg 时屠宰,胴体瘦肉率可达 65%,高的可达 68%。

2.1.3.4　繁殖性能

杜洛克公猪繁殖适宜使用年龄为 9～10 月龄,体重 120～130 kg;母猪适宜的初配年龄为 8 月龄以上,体重 100～110 kg。初产母猪窝产仔数为 9 头左右,经产母猪窝产仔数为 10.5 头左右,但也有部分猪场其经产母猪窝产仔数可达 11 头以上。

图 2-5　杜洛克公猪

图 2-6　杜洛克母猪

2.1.4　汉普夏猪

2.1.4.1　产地和特点

汉普夏猪原产于美国肯塔基州,是美国分布最广的瘦肉型猪种之一。汉普夏猪在杂交利用中,一般作为父本。在我国,汉普夏猪的数量不如长白猪、大白猪和杜洛克猪多。其主要特点是生长发育较快,抗逆性较强,饲料利用率较好,胴体瘦肉率较高,但繁殖性能不如长白猪和大白猪。

2.1.4.2　体型外貌

头和身体的中后躯被毛为黑色,肩颈结合处有一白带,白带包括肩和前肢,见图 2-7 和图 2-8。头中等大,耳直立,体躯较长,背宽大略呈弓形,体型紧凑。成年公猪体重 300～400 kg,成年母猪为 250～350 kg。

2.1.4.3　生长肥育性能

在饲料营养和管理环境较好的条件下,肥育期日增重可达 0.8 kg 以上,每千克增重消耗配合饲料 2.8 kg 左右。体重 90 kg 时屠宰,胴体瘦肉率可达 64% 左右。

2.1.4.4 繁殖性能

性成熟较晚,母猪一般在 7～8 月龄、体重 90～110 kg 时开始发情和配种,发情期 19～22 d,发情持续期 2～3 d。初产母猪窝产仔数 8 头左右,经产母猪窝产仔 10 头左右。

图 2-7　汉普夏公猪
（刘学陶供图）

图 2-8　汉普夏母猪
（刘学陶供图）

2.1.5　皮特兰猪

2.1.5.1　产地和特点

皮特兰猪原产于比利时布拉邦特省的皮特兰地区,是由法国的贝叶杂交猪与英国的巴克夏猪进行回交,然后再与英国大约克夏猪杂交育成的。主要特点是瘦肉率高,后躯和双肩肌肉丰满。杂交利用中皮特兰猪主要作为父本或终端父本,可显著提高杂交猪的瘦肉率和后躯丰满程度。

2.1.5.2 体型外貌

毛色灰白色并带有不规则的深黑色斑点,有的出现少量棕色,见图 2-9 和图 2-10。头部清秀,颜面平直,体躯宽短,双脊间有一条深沟,后躯丰满肌肉发达。两耳向前倾平伸稍微下斜。成年公猪体重 200～300 kg,成年母猪体重 180～250 kg。

2.1.5.3　生长肥育性能

在较好的饲料营养和适宜的环境条件下,肥育期日增重为 0.7～0.8 kg,每千克增重消耗配合饲料 2.5～2.8 kg。皮特兰猪采食量少,后期增重较慢,生长速度不如大白猪和长白猪。肉质较差,肌纤维较粗,灰白水样肉(PSE)的发生率较高,但胴体瘦肉率较高、最高可达 78%。

2.1.5.4　繁殖性能

公猪达到性成熟后一般具有较强的性欲,母猪母性较好。据种猪场测定数据表明,皮特兰猪的繁殖能力为中等,经产母猪一般窝产仔 10～11 头。母猪前期泌乳较好,中后期泌乳较差。

图 2-9 皮特兰公猪

(刘学陶供图)

图 2-10 皮特兰母猪

(刘学陶供图)

2.2 种猪的引进

2.2.1 批次种猪引进计划的制定

在猪场全进全出式的批次生产中,既要根据每批次猪群规模和母猪淘汰率,又要充分考虑因疾病或受伤而淘汰的母猪数量,来确定每批次引入的后备母猪数,达到猪场均衡稳定生产的目的。

2.2.1.1 品种的选择

1. 体型外貌

在种猪选择中,要确保种猪群体健康,个体健壮。应选择精神状态良好,外貌特征良好,各项机能发育良好,体貌特征符合该品种的具体特征的健康种猪。种公猪应该保证品种纯正,活泼好动,四肢健壮,公猪睾丸发育良好,左右对称,包皮无积尿,具有明显的雄性特征。种母猪应该保证个体发育良好,阴户充盈,乳头健全,分布一致,对外界刺激反应机敏,腰背平直,后躯肢体发达。种猪头部中等大小,额部稍宽,嘴鼻长短适中,上下脖唇吻合良好,耳大小适宜,颈部中等长度,无肥腮。前胸肌肉丰满,肩胛平宽无凹陷,胸宽而深,前肢站立姿势端正,行走有力,肢蹄坚实,无卧系。背线微弓,肌肉丰满,腹线平直,腹壁无皱褶。臀部丰满,尾根较高,尾巴弯曲呈环状。大腿肌肉结实,肢蹄健壮有力。皮肤细腻,不显粗糙,皮毛光亮。

2. 健全的繁殖力

种猪应有明显的第二性征,生殖器官发育良好。但种猪的外观只是选择之一,更为重要的是要选择繁殖性能好、饲料报酬率高的种猪。这还需查看引进种猪的生产成绩,种母猪的产仔数应保持在 12.5 头以上,种公猪的精液质量要有所保证,有利于正常地繁殖大量的优秀后裔,扩大种群数量。

3. 乳腺功能

种母猪要保障生殖器官发育良好,乳头的数量不能低于 6 对,乳头间距合理、突出、发育良好,避免内陷、过度细小的乳头。

4. 骨骼发育

要求猪四肢健全,行走强健有力。肢蹄要求关节有缓冲(不要太直),间距合理,便于起卧和行走。同时注意不能选留有遗传缺陷(畸形、疝气等)的种猪。

2.2.1.2 引进的种猪数量和日龄

对于新修建的规模化养殖场,应结合具体的生产规模确定合理的引种计划,特别是应明确引种数量。一般引进数量为本场总规模的 1/5～1/4;如果以更新血缘为目的,则适当引进少量公猪母猪;引进公猪时要有足够的血统及数量,保证母猪发情时有适配公猪。根据养殖场的补栏计划,确定种猪的引进数量和种公猪及繁殖母猪的比例。对于年出栏 1 万头以上的规模化养殖场,应该备选母猪 500 头,公猪按照 1:20 的比例配备。而对于扩建的规模化养殖场,应结合新建养殖场和正常生产的猪群从两方面确定具体的引种数量和公母猪比例。

一般外来猪种"大长"或者"长大"二元母猪的适配日龄在 240～250 日龄,体重在 120～125 kg 为佳。若隔离和驯化持续时间达到 100 d(隔离检疫 45 d、驯化56 d),那么引进 140～150 日龄的种猪较为合理,既考虑到了隔离检疫时间,又降低了因引种而产生的生产成本。

2.2.1.3 种猪引进的季节和时间

引种的时间最好选在两地气候差异不大的季节,以便更好地适应气候的变化。引种时应避开极炎热与极寒冷的季节,避免对猪带来更大的环境应激,最好选择在每年春季的 3—5 月和秋季的 10—12 月。而以每年春季的 3—5 月引种为佳,因为在年初制定生产计划时,明确了上年母猪的淘汰数和当年计划引种数,在年初把后备母猪补充到位,有利于全年生产任务的顺利完成。如果生猪引进在夏季,可以选择早上或晚上,这样气温低一些。另外,为了不给运输增加困难,最好避开暴风雨雪这样的恶劣天气。

2.2.2 引种前的准备

2.2.2.1 隔离舍的准备

引种前需要建好隔离舍,隔离舍最好距离猪场生产区 1 km 以上。如果猪场受地理位置的限制,可以把后备母猪饲养在猪场生产区最边缘且处在下风口位置的猪舍。需要配备保温保育设施,建有隔离墙和独立的排污设计,以避免交叉感染。

对于广大养殖户来说,至少要有一个单独的隔离舍,且隔离舍采取"全进全出"管理方式,由专人负责饲养管理。

2.2.2.2 引种场考察

在引种时应尽量坚持同一个批次的猪从同一个养殖场引进,避免从不同养殖场引进种猪。在引种前应确保引种养殖场是非疫源地或非受威胁区域。同时还应确保种猪场具有种畜禽生产经营许可证,要保证养殖规模能满足引入品种的质量和数量,要求养殖场内部各项硬件设备和软件设备比较齐全,构建完善的防疫体系,养殖设施比较先进,种猪生产技术雄厚,具有完善的售后服务体系,价格适中。在引种前,为降低经济成本投入,进行广泛的市场调查和专业人员咨询非常重要。

2.2.2.3 饲料等投入品的准备

引种前要提前准备一些药物及饲料,药物以抗生素为主(如痢菌净、支原净、阿莫西林、霉素、氟苯尼考等),预防由环境及运输应激引起的呼吸系统及消化系统疾病。准备好充足的急救药品,以便在运输中出现发病进行紧急抢救。准备好营养充足、新鲜的饲草饲料。最好从厂家购买全价料或预混料,保证有1周的过渡期,还可准备一些青绿多汁饲料,如胡萝卜、白菜等。

2.2.2.4 运输车辆的准备

车辆在运输种猪之前3 d必须准备好,运输车辆必须具有运营执照。尽量不要使用运输商品猪的外来车辆运购种猪,依据运输种猪的数量综合确定运输车辆。同时,考虑到运输的生猪体积大且数量多的特点,一般要选择有两层设计的车厢。为了防止感染疫情的猪将病菌传染给健康的猪,需要在车厢内加上多个隔栏,将猪分开进行运输以防止途中挤压。运输种猪的车辆要配有通风和降温装置、饮水装置和卸猪升降控制台,并配备必要的工具和药品,如手电、水桶、绳子、铁丝、钳子、水、抗应激药物、抗生素、镇痛退热药以及镇静剂等。准备好车辆检疫合格证,并取得动物运载工具消毒证明。种猪运输前24 h应使用高效的消毒剂,对车辆内外部环境反复进行消毒,通常需要进行2次以上的严格消毒。为了保证车厢环境的卫生,一般选择杀菌力度强的消毒剂对车厢的每一个角落进行消毒,闲置1 d后再将种猪装入运输车辆中。

2.2.3 引种

2.2.3.1 种猪运输

1. 装猪前的关键环节

(1)应规划好运输线路,尽量减少运输时间,减少运输中的应激刺激和损伤,避免猪群在中途死亡或感染某些传染性疾病。

（2）种猪在准备运输前 2 h,应停止投喂饲料,在运输前不能太匆忙,保护好猪的蹄部,并做好猪栏内部的固定工作,避免车辆行驶中对猪身体造成冲撞。

（3）准备充足的稻草、木屑等垫料,饮用水等各种饲料管理物资。在装车前给种猪使用抗应激类的药物,并准备充足的急救药品,以便在运输中出现发病进行紧急抢救。

2. 车辆装猪前的清洗消毒

运输种猪前,应对运输车辆再次进行严格的消毒,并查验动物运载工具消毒证明、出县境动物检疫合格证明、猪免疫卡、发票、对方养殖场的免疫程序、购买合同、饲料配方等信息。车辆在种猪入装车前,还必须使用刺激性较小的消毒剂,对车辆内外部环境再进行一次全面消毒。选择一些刺激性小的消毒剂进行消毒,可以降低对猪呼吸道、皮肤和黏膜等部位的刺激。

3. 查验猪的标识

目前我国已使用动物射频识别 64 位序列号,前 16 位是控制代码,第 17～26 位为国家或地区代码,第 27～64 位为动物代码。目前养殖场大都以耳标或耳缺来表示。

4. 查阅猪只系谱及免疫情况

在种猪选择中,应查阅该品种种猪的系谱,详细查阅养殖场的系谱档案,明确引进的种猪与该品种的生产性能相符合,血统纯正,具有稳定的遗传特征。在种猪引进前,应向养殖场索要猪群的免疫证明和免疫程序,详细掌握引进猪的免疫情况,详细掌握各种疫苗的免疫日期。对于引进的种公猪,应在当地动物检疫部门进行抗体监测的基础上引进,确保某些传染性疾病抗体水平达标。对外销售的种猪必须经过引种养殖场兽医临床检查,确诊不存在猪瘟、猪传染性萎缩性鼻炎、布鲁氏菌病等疾病相关症状,且应由当地的畜牧兽医检疫部门出具检疫合格证明书后才能引种。

5. 猪只运输中注意事项

（1）长途运输时,选择有经验的技术人员押车。尽量选择高速公路避免堵车,并有 2 名驾驶员轮流驾驶。

（2）装载猪只数量不要过多,装得太密会引起挤压而导致种猪死亡,运载种猪的车厢面积应为猪只纵向表面积的 1.5 倍,最好能将车厢隔成若干个隔栏,安排4～6 头猪为一个隔栏,隔栏最好用光滑的水管制成,避免刮伤种猪。每个隔栏的猪不宜过多,以每头猪都能躺卧为准。按照猪的大小分开装,有爬跨行为的公猪最好使用单栏。

（3）长途运输的车辆,车厢最好能铺上垫料,冬天可铺上稻草、麦麸,夏季在车厢底部铺上细沙,减少运输中对皮肤组织造成的损伤,防止肢蹄损伤。冬季注意保暖,夏季要防暑,夏天不能在炎热的中午装猪,可在早晨和傍晚装运。

（4）赶猪上车时不能太急,注意保护种猪的肢蹄,装猪结束时应固定好车门。

（5）长途运输的种猪,应对每头种猪注射一针长效抗生素(如长效土霉素或头孢噻呋钠),以防止猪群途中感染细菌性疾病。对临床表现特别兴奋的种猪,可注射适量镇静针剂。

（6）行驶过程中尽量避免急刹车、急转弯,车辆在运输过程中要尽量平稳行驶,减少应激。运输途中应适时停歇,检查有无伤病猪只。应注意选择没有停放其他运载动物车辆的地点就餐,停车时要远离其他车辆,特别远离运载猪或其他动物的车辆。

（7）途中应经常供给猪饮用水,有条件时可准备西瓜供种猪采食,防止种猪中暑。并定时寻找干净的水源为种猪淋水降温,一般日淋水3～6次。

（8）运输车辆应备有汽车帆布,若遇到烈日或暴雨时,应将帆布置于车顶,防止烈日直射和暴风雨袭击种猪;车辆两边的篷布应挂起,以便通风散热。冬季帆布应挂在车厢前上方以便挡风保暖。长途运输可先配制一些电解质溶液,用时加上奶粉,在路上供种猪饮用。夏季运输时应保证有充足的饮用水供给。严格控制运输时间段,避免在高温时间运输。在运输中如果出现应激反应,应及时对患病猪进行治疗。

（9）长途运输时每隔4 h休息一次,把猪赶起来活动,以免长时间挤压受伤;押车人员应经常注意观察猪群,随时停车检查,驱使猪只站立,观察有无受压种猪。如中途发现猪只异常,应及时采取有效措施,可注射抗生素和镇痛退热针剂,并用温度较低的清水冲洗猪身降温,必要时可采用耳尖放血疗法。

2.2.3.2　运输后种猪饲养管理要点

常见的应激源可分为3类。①强应激包括运输、混养、断奶、抓捕、保定惊吓、免疫注射、去势等;②中度应激包括拥挤、过热、过冷、饲料突然改变、正常驱赶、咬架等;③弱应激包括隔离、陌生、昆虫骚扰等。强应激不但导致条件致病菌发病,往往因为过于持久或强烈以及多重应激等联合作用,导致发生典型应激综合征;中度应激一般导致附红细胞体、大肠杆菌等条件致病菌发病;弱应激一般不会引起不良作用,但如果猪本身发病,则可导致病情进一步加重。运输以及气候、饲养环境、饲料及饲喂方式的改变等因素均可引起种猪的应激反应,并进一步引起种猪对疾病抵抗力的明显下降,严重的应激是引种初期种猪出现死淘的主要因素之一。

所以,在引种前要对供种场的饲养环境和饲养管理方式有清楚的了解,而且饲料的品质、饲养方式以及环境控制等因素在种猪进场初期应尽可能和原场保持一致。种猪到场后,要对猪和运输工具进行消毒,消毒剂的刺激性要小,以免激发呼吸道疾病。应事先准备好含有电解质、多种维生素、葡萄糖、黄芪多糖等药物成分的饮水任猪饮用,在长途运输供水不足的情况下,应避免一次饮水过量,可采用少量多次饮水法。到场当天应适当控制饲料供应,3～5 d内到达正常的采食量。如果应激严重,建议在饮水中适当添加广谱抗生素,以避免应激导致的继发感染。

2.3 种猪的隔离与驯化

2.3.1 隔离

2.3.1.1 隔离目的

隔离是为了维持本场生产处于健康、稳定的状态。隔离可使后备母猪尽快地适应本场猪群的饲料、饮水和环境条件,同时避免后备种猪将其携带的病原传播给本场猪群,保护本场猪群的健康,降低暴发疾病的风险,是有效控制疫病传播的重要措施。

2.3.1.2 隔离场制度

规模猪场进行工厂化养殖时,应当有专用隔离场,隔离场与养殖场相距 500 m 以上,以确保生物安全。要充分利用隔离设施,并根据猪场的实际情况制定严格的隔离制度。一般来说,隔离制度主要包括以下 7 个方面内容。

(1)坚持自繁自养,严格做好人员、车辆、物品的进出及消杀工作。

(2)新引进的猪群先进行严格的隔离观察,隔离的时间不少于 4 周。隔离期间,要做好猪场的生物安全工作,确保安全后才能混群养殖。

(3)做好日常的饲养管理工作。后备母猪饲料营养充足,保持圈舍的通风干燥,满足后备母猪生长发育的需要。

(4)禁止将场外畜禽及其产品带入场内。

(5)病猪要在隔离舍或隔离区中单独饲养。

(6)宰杀生猪和解剖病、死猪要有专门的设施且便于消毒和灭菌。

(7)进出隔离猪舍要更换衣服鞋子并且进行严格消毒。每月初对生活区及其环境进行一次全面的清洁、消毒、灭鼠和灭蝇。

2.3.1.3 隔离场的条件设施

(1)隔离场外围,特别是生产区外围应依据具体条件使用隔离网、隔离墙、防疫沟等建立隔离带,以防止野生动物、畜禽及人进入生产区内。隔离舍要求距离生产区 300 m 以上,并设在生产区下风向处。

(2)隔离场不同功能区之间要用围墙或绿化带进行隔离。

(3)只能设置一个专供生产人员及车辆出入的大门和一个只供装卸猪只的装猪台。做好装猪台的整修及赶猪通道的划定、清扫卫生、消毒。没有装猪台的可以制作活动装猪设备。没有专用赶猪通道可以划定并搭建临时通道,以布墙圈围即可。

(4)隔离场应专设一个粪便收集和外运系统,与清洁走道分开。

（5）隔离场包括病猪隔离治疗舍、引进种猪的隔离检疫舍、尸体剖检及处理室等设施。

（6）在猪舍内安装防鸟、防鼠设施。

（7）准备赶猪板等设备，消毒备用。隔离期间给后备母猪饲料中添加保健品和药品。包括体内外的驱虫和抗感染药物，使用扶正解毒散、黄芪多糖等免疫增强药物，加强对免疫抑制病的控制。

（8）要有全套养殖档案、管理记录卡片、隔离观察记录表及相关报表和档案盒等办公用品。工具、保健品和药品等必须经消毒后，由专用通道运入。工作服必须经清洗消毒后备用，由专用箱密闭经消毒后送入隔离舍。

2.3.1.4　免疫计划的制定

根据当地猪病流行情况、场内疫苗接种情况和抽血检疫情况以及供种场的建议，制定合理的免疫程序。免疫要有一定的间隔，一般在引进的第 5～7 天对口蹄疫、伪狂犬病、猪瘟等进行免疫，每种疫苗间隔 3 d 以上；细小病毒病在配种前 6 周，3 周各免疫 1 次；大肠杆菌病在产前 5 周，2 周各免疫 1 次。免疫项目主要根据本场情况而定。

2.3.1.5　隔离期猪只健康状况观察

在隔离期间要密切观察猪有无病症，做好观察和记录工作，包括症状较为明显的患病猪和症状不明显的疑似患病猪，或者多种血清学方法诊断为阳性的猪群。对患病猪或者疑似患病猪，要及时进行单独的观察和饲养。可以根据所掌握的情况在饲料中添加抗应激和抗生素类药物，防止、净化一些疾病。隔离观察完成后及时按防疫程序给这些猪进行免疫接种。在隔离期还要进行猪驱虫等工作。隔离期结束无问题后才可以与本场种猪合群饲养。

2.3.1.6　猪只病原学检测

对猪进行采血，分别进行猪瘟、非洲猪瘟、蓝耳病、伪狂犬病、口蹄疫和圆环病毒病等重要疾病的抗原和抗体检测。首次引种的猪场第一批引种时所有候选猪全部检测，第二批根据第一批的检测结果进行适当比例的抽样检测。如果第一批检测结果较好，那么第二批检测 25%。如果第一批检测结果有病原阳性猪存在，那么第二批也全部检测。推荐引种标准如下：所有种猪猪瘟野毒、蓝耳病野毒、伪狂犬病野毒、口蹄疫和圆环病毒病 2 型均为阴性，以上疾病的抗体阳性率或合格率大于 80%。

二维码 2-1　引进种猪的隔离

2.3.2 驯化

2.3.2.1 驯化的目的

驯化的目的是让新引进或选入的后备猪与本场猪在相同的环境中,与已存在的病原微生物接触,使猪只对这些病原微生物产生免疫力。虽然新引进的种猪已经过4周的隔离观察和血清检测,确定引进的猪群是健康的,但它不一定能够耐受本场猪群的病原微生物,还要经历4～6周的适应期(驯化期),确定安全后才能与本场猪群合群。

2.4.2.2 制定科学的驯化计划

根据引进后备猪的原猪场的免疫程序以及本场种猪免疫情况,最终决定后备猪的免疫驯化方案:到场1周后,按照引进后备猪群体数量的10%进行采血化验,主要检测非洲猪瘟、猪瘟、伪狂犬病、口蹄疫和蓝耳病的抗原抗体状况,根据检测结果和本场的免疫程序最终制定引进后备猪的免疫程序;同时将原猪群母猪的新鲜粪便或本场经产母猪流产、早产的新鲜干净的胎盘放入后备猪群,让其接触,产生自然免疫力。

2.3.2.3 确定适合本场的驯化方法

制定的计划要在厘清本场猪病种类以及总结每次引种和驯化的经验和教训的基础上,进行调整和优化完善,落实实施细则,制定适合本场的驯化方法。

1. 粪尿饲喂法

收集老母猪或种公猪的粪便3次/周,从进场后第2周开始,至少喂3周。将粪便投在地板上,投喂的饲料放在新鲜的粪便上。这样做的目的是抵抗细小病毒、轮状病毒和大肠杆菌。收集猪场内临床健康的经产母猪、种公猪、仔猪、生长猪和育肥猪的粪便和尿液,按照质量1:50加水稀释,多层纱布滤去残渣,将滤过的粪、尿液混合于饲料中喂饲,间隔1次/d,连续3次。这种方法对于通过消化道传播的传染病的驯化较为有效,但有可能导致猪痢疾密螺旋体、球虫病、传染性回肠炎等疾病的感染,一旦感染则可引起持续感染且净化较为困难。

2. 胎盘等生物组织饲喂法

收集猪场内死胎、木乃伊胎以及胎盘,粉碎后按照质量1:50稀释,滤去残渣,加入种猪饲料中喂饲。间隔1次/d,连续3次。该法对引起繁殖障碍性传染病的驯化较为有效。

3. 与本场猪只混养法

同居驯化是指引进种猪充分暴露于类似生产环境下的驯化方法,通常与经产母猪按照一定比例同居。经产母猪的排泄物、分泌物以及排出的气溶胶会污染环境,种猪通过消化道、呼吸道等多途径获得感染并完成驯化,驯化过程较为全面。老母猪与新母猪同居的数量比例,目前认为 1:(5~8)为好。

2.3.2.4 病原感染力控制

驯化开始 1 周后,种猪可出现厌食、低热、皮疹等症状,表现为病理或者亚健康的状态,有的母猪甚至出现生殖道流白色分泌物的现象,但出现病理状态的猪数量一般均在可控范围之内。病例数量及严重程度与隔离期内免疫预防是否有效有关,也和驯化过程中污染物中微生物或者寄生虫的载量和毒力相关,但污染物中的微生物的载量与毒力数据通常无法获得。驯化期间原则上不能添加任何抗生素和抗病毒药物,以免杀死病原微生物而影响驯化效果,但可在饲料或者饮水中添加电解质、维生素和免疫调节剂,以增强猪群抵抗力。驯化过程中出现的严重感染病例,可以应用广谱抗菌抑菌药物配合解热镇痛药物进行个案处理,特别严重以致无法康复者应予以淘汰。对于驯化过程中出现的寄生虫感染,可在驯化结束前通过全面的驱虫来解决。

2.3.2.5 驯化效果评估

对完成驯化的种猪进行抗原抗体检测,如果抗原抗体种类与原场经产种猪一致且抗体滴度水平符合要求,说明驯化有效。

二维码 2-2 引进种猪的驯化

2.4 种猪的淘汰与更新

2.4.1 种猪淘汰与更新的目的

种猪的淘汰与更新是一个动态过程,是为了保证种猪群维持合理的胎龄结构,使繁殖效率最大化。胎龄结构一般为 1~2 胎母猪约占 30%,3~6 胎母猪约占 60%,7 胎及 7 胎以上约占 10%。为了保证种猪群的稳定,应该及时补充后备种猪的数量,保证养殖场种猪的生产能力始终处于较高水平。

2.4.1.1 淘汰更新计划的制定

每个猪场都应该有淘汰的目标数,以保证猪群的理想年龄或胎次结构,保证达成配种目标的猪只数量。根据各自猪场管理情况,年更新率不同,淘汰率也不一样。

2.4.1.2 种猪淘汰标准

(1)超过 8 月龄还没有发情记录的后备母猪、断奶后两个情期以上或 2 个月不发情的经产母猪应及时淘汰。

（2）习惯性流产、反复发情连续 3 次以上配不上种的母猪以及第一、第二胎活产仔猪窝均 7 头以下的青年母猪应及时淘汰。

（3）繁殖力下降的经产母猪,如连续 2～3 次胎产在 7 头以下或哺乳仔猪成活率低于 60％、泌乳能力差、母性不好的母猪应及时淘汰。

2.4.1.3 种猪淘汰计划

一般来讲,原种猪或曾祖代(GGP)场种猪年更新率较高,达到 75％的年更新率;祖代(GP)场种猪年更新率 40％～45％;商品猪场父母代(PS)种猪年更新率 25％～30％。对新建的种猪场而言,头 2 年的年更新率较低,一般为 15％～20％。

2.4.1.4 后备母猪引入计划

如果后备母猪培育成功率按 90％计算,则后备母猪的淘汰率 10％。那么,对于老猪场来说每年需要补充的后备母猪数:

$$后备母猪年引入数＝基础母猪数×年淘汰率÷90％$$

对于新投入使用的猪场来说,每年需要补充的后备母猪数:

$$后备母猪年引入数＝周配种计划数×20 周(妊娠期＋哺乳期)÷90％$$

在实际生产中,每个猪场后备母猪培育成功率差异比较大,成功率低的猪场只有 60％～70％,而成功率高的猪场可高达 85％～90％。

对于新猪场,可以根据设计一次性购买引进,但是受投资影响可以分批次引入,但必须经过 40 d 以上隔离观察,方能进场,也可通过一次引入后自繁自养。

2.4.2 种母猪淘汰类型

2.4.2.1 生长发育问题

正常饲养过程中,若母猪每胎产的仔猪生长速度慢、体型不好,这样的种母猪要淘汰,因为受母猪遗传基因的影响,容易造成仔猪、育肥猪生长速度缓慢。

2.4.2.2 疾病问题

（1）发生普通病连续治疗 2 个疗程而不能康复的种猪。

（2）出现乳房炎、子宫炎、哺乳仔猪能力明显下降、泌乳力下降的种猪。

（3）出现繁殖性疾病、子宫炎和肢蹄病等严重侵害母猪群的种猪。

（5）发生严重传染病的种猪。比如猪瘟、伪狂犬病,得了这类传染病的母猪即使用药物治愈后,下一次产仔时也很可能重新发病,并会传染给仔猪。为了避免更多的经济损失,应毫不犹豫地将这类母猪淘汰。

2.4.2.3　繁殖力和繁殖年龄

1. 繁殖力

(1)后备母猪超过10月龄以上不发情的,采用公猪效应、调栏无效的,即使用药物促使它发情,但一般下次配种还会出现困难,易造成空怀,造成一定经济损失。

(2)断奶母猪两个发情期(42 d)以上或2个月不发情的。

(3)母猪连续2次、累计3次妊娠期习惯性流产的。

(4)母猪配种后复发情连续2次以上的。

(5)青年母猪第一、第二胎活产仔猪窝均7头以下的。

(6)经产母猪累计3产次活产仔猪窝均7头以下的。

(7)经产母猪连续2产次、累计3产次哺乳仔猪成活率低于60%,以及泌乳能力差、咬仔、经常难产的母猪。

(8)经产母猪7胎次以上且累计胎均活产仔数低于9头的。

(9)产生畸形后代的母猪。

2. 繁殖年龄

种母猪的淘汰要结合生产性能、体况健康、泌乳能力等指标综合判断,一般3～6胎是母猪的黄金期,从7胎开始逐步淘汰,8～10胎是淘汰高峰期。

2.4.2.4　机体损伤及其他因素

(1)后备母猪生殖器官先天发育不良或畸形,在育成期间尽早淘汰。

(2)脑垂体前叶分泌的促卵泡素和促黄体素较少,使卵泡不能正常发育和成熟,导致母猪乏情的母猪。

(3)下产床后体质过瘦、拐腿无法治愈的,及有其他明显疾病者。

(4)有恶癖、怪癖母猪。

(4)由于其他原因而失去使用价值的种猪。

思考题

1. 引进种猪前需要做好哪些准备?

2. 选择优良种猪的依据是什么?

3. 常用于引进种猪的驯化方法主要有哪些?

4. 我国引进种猪的主要品种有哪些?

5. 引种隔离的目的是什么?

第3章

母猪批次管理的繁殖生理知识

【本章提要】批次管理是希望母猪生理周期尽量同步发展,使相应的技术得到最大的发挥。母猪繁殖需要经过发情、排卵、配种、受精、妊娠和分娩等几个环节,每个阶段性能的发挥与母猪生殖器官机能维持以及生殖激素的调控有着密切的关系。本章系统介绍了母猪生殖器官功能、生殖激素的作用以及繁殖周期中每个阶段的关键知识点,以便更好地运用母猪批次管理中的关键技术。

3.1 母猪的生殖器官及其功能

母猪的生殖器官包括 3 个部分(图 3-1),分别为:卵巢;内生殖道(包括输卵管、子宫、阴道);外生殖器官(包括尿生殖前庭、阴唇、阴蒂)。

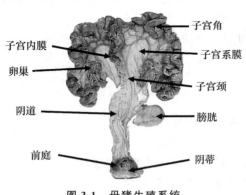

图 3-1 母猪生殖系统

3.1.1 卵巢

卵巢是母猪的生殖器官,呈卵圆形,左右成对,左侧卵巢较右侧稍大。

3.1.1.1 形态位置

猪的卵巢位置和大小因年龄和不同生理阶段而有很大变化。刚出生时卵巢呈肾形。在性成熟以前,卵巢表面光滑,位于荐骨岬两旁稍后方,在腰小肌附近,或在骨盆前口两侧的上部。初情期前因多卵泡发育,呈桑葚形,卵巢体积增大,约 2 cm×1.5 cm,约在第 6 腰椎前缘或髋关节前端的断面上,见图 3-2。随着发情周期进行,体积更大,长约 5 cm,表面有卵泡、黄体等突出,呈葡萄串状,向下移至在髋关节前缘约 4 cm 断面处。

图 3-2 初情期前母猪卵巢结构
(引自谊发牧业,2018)

3.1.1.2 组织结构

卵巢由被膜和实质组成。被膜包括生殖上皮和白膜,生殖上皮位于卵巢的表面,上皮细胞在幼年时呈柱状或立方形,以后呈扁平状,其深面是结缔组织构成的白膜。实质部分为外周的皮质和内部的髓质。皮质部位于白膜内侧,占卵巢的大部分,由基质、卵泡和黄体组成,皮质部中可见许多不同发育阶段和闭锁退化的卵泡,又称为卵泡区。髓质部位于卵巢中部,占小部分,由富含弹性纤维的疏松结缔组织构成。

3.1.1.3 生理功能

1. 卵泡发育和排卵

卵巢皮质部有许多发育不同阶段的卵泡,呈周期性的分批发育成熟,并破裂排出卵子。排卵后,在原卵泡处形成黄体;而没有发育成熟的众多卵泡退化、闭锁。

2. 分泌雌激素和孕酮

雌激素主要由卵泡内膜上皮细胞分泌,是母猪发情的直接因素;孕酮则由排卵后所形成的黄体所分泌,是维持母畜妊娠所必需的激素之一。

3.1.2 输卵管

输卵管位于卵巢和子宫角之间的一条细长而弯曲的管道,也是卵子进入子宫的通道。

3.1.2.1 形态位置

输卵管分为漏斗部、壶腹部和峡部三部分。输卵管漏斗部为输卵管的前端,接近卵巢,呈膨大的漏斗状结构。其游离缘有许多不规则的皱褶,称为输卵管伞;在母猪排卵时,会包拥着卵巢,以防止排出的卵子掉落腹腔。漏斗中央的深处有一口,为输卵管腹腔口,卵子由此进去输卵管。输卵管前 1/3 段较粗,称为输卵管壶腹部,是精子和卵子受精的部位。输卵管后 2/3 段较细,称为输卵管峡部。

3.1.2.2 生理功能

1. 运输精子、卵子和早期胚胎

从卵巢排出的卵子被输卵管伞接纳,借助平滑肌的蠕动和纤毛的摆动将其运送到漏斗部和壶腹部。同时将精子由峡部反向运送到壶腹部,以便精卵结合。受精后,在输卵管进行 1 周的发育,早期胚胎由壶腹部下行进入子宫角。

2. 精子获能、卵子受精和卵裂的场所

精子在通过子宫和输卵管的同时,获得使卵子受精的能力,在输卵管壶腹部进行精卵结合,形成受精卵。受精卵由峡部向子宫角运行的同时进行卵裂。

3. 为早期胚胎提供营养

输卵管将分泌黏蛋白和黏多糖作为精子、卵子和早期胚胎的营养液。

3.1.3 子宫

子宫借助子宫阔韧带悬于腰下,背侧是直肠,腹侧为膀胱,前接输卵管,后通阴道,两侧为骨盆腔侧壁。由子宫角、子宫体和子宫颈组成。

3.1.3.1 形态位置

猪子宫为双角子宫,子宫角长而弯曲,形似小肠状,见图 3-3;经产母猪的子宫角长达 1.2～1.5 cm,管壁较厚,两角基部之间的纵隔不明显;子宫体较短,3～5 cm。子宫颈长 10～18 cm,内壁有左右 2 个彼此交错的半圆形突起,称子宫颈枕;中部较大,靠近两端较小。颈管中有半圆形突起的环形皱褶。子宫颈后端逐渐过渡为阴道,但没有明显的子宫颈阴道部。当母猪发情时子宫颈口开放,精液可以直接射入母猪的子宫内。因此,猪称为子宫射精型动物。

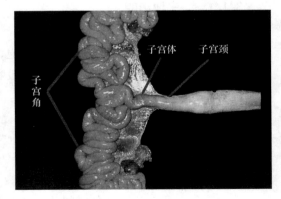

图 3-3 未经产母猪的子宫

3.1.3.2 生理功能

1. 贮存、筛选和运送精子

母猪发情配种后子宫颈开张,有利于精子逆流运行,子宫颈黏膜隐窝内可贮存大量精子,同时阻止死精子和畸形精子进入,借助子宫肌的节律性收缩运送精子到达输卵管。子宫内膜的分泌物和渗出物,可为精子获能提供条件。

2. 胚胎附植、妊娠和分娩的场所

早期胚胎于子宫内膜进行附植,从而形成胎盘。妊娠期间,子宫颈分泌黏液形成栓塞,防止异物入侵,起到保胎的作用。分娩前栓塞液化,子宫颈扩张,利于胎儿产出。

3. 调节卵巢机能

在发情周期中,子宫内膜分泌前列腺素对同侧的周期性黄体有溶解作用,使黄体功能减退,消除对垂体功能的抑制作用,使促卵泡素分泌增加,卵泡发育,导致再次发情。

3.1.4　阴道

阴道是母猪的交配器官,也是胎儿产出的通道,长度约 10 cm。它的前庭腺在母畜发情时能分泌黏液,是发情症状之一。

3.1.5　外生殖器官

外生殖器官包括尿生殖前庭、阴唇和阴蒂。尿生殖前庭是母畜排尿、分娩产道和交配器官,前连阴道,后接阴门裂。尿生殖前庭与阴道交界处有阴瓣,后面为尿道外口,输精时,输精器应沿生殖道上壁插入,以防止插入或损伤尿道口。阴唇构成阴门裂的两侧壁,外面是皮肤,里面为黏膜,发情时阴唇黏膜充血、肿胀,有利于交配。阴蒂位于阴唇下角的阴蒂凹中,由海绵体构成,相当于公畜的阴茎,阴蒂头相当于龟头,具有丰富的感觉神经末梢,发情时受到刺激而表现出接受交配的特殊姿势。

3.2　生殖激素

激素是指由动物体内的内分泌腺或某些组织器官的活细胞所释放的某些控制生理活动的活性物质,与生殖功能有密切关系的激素称为生殖激素。母猪的所有生殖活动,包括生殖器官的形成发育、性细胞的发生、性活动和交配与受精、妊娠、分娩、泌乳等,都是在生殖激素的控制和调节下实现的。本节主要围绕"下丘脑—垂体—性腺轴"合成和分泌的内源激素及其他激素的生理功能及应用,以及生殖激素的分泌与调节进行介绍。

3.2.1 下丘脑激素

3.2.1.1 促性腺激素释放激素(GnRH)

1. 来源和特性

GnRH 是一种下丘脑释放激素,它产生于丘脑下部特定的神经细胞,属于神经激素。通过下丘脑—垂体门脉系统释放,运送到垂体前叶,该激素属于十肽类物质。

2. 生理功能

(1)促进垂体前叶释放促卵泡素(FSH)和促黄体素(LH),但主要以 LH 为主。

(2)刺激排卵。

(3)GnRH 除作用于垂体,还可作用于性腺、胎盘和其他组织。

3. 临床应用

临床上主要应用于诱导母猪排卵、治疗母猪卵泡囊肿。近年来人工合成的高活性类似物,如促排卵 2 号、促排卵 3 号,它们的活性比天然激素高许多。猪 LHRH-A 类似物对猪的卵巢发育不全、卵巢静止、卵巢萎缩、分娩后的发情诱导以及公猪睾丸机能减退等均有疗效。用法通常是 $100\sim200\ \mu g$/头次同时输精,可使发情期受胎率高达 100%,主要用于青年母猪和产后、断奶后母猪诱导发情。

3.2.1.2 催产素(OXT)

1. 来源和特性

OXT 是在下丘脑合成、在神经垂体中贮存并释放的神经激素。习惯上根据其释放部位将其称为垂体后叶素或垂体后叶激素。该激素属于九肽类物质。

2. 生理功能

(1)促进分娩:催产素刺激子宫分泌前列腺素 $F2\alpha$,能强烈刺激子宫平滑肌收缩,以排出胎儿,是催产的主要激素。

(2)能使输卵管收缩频率增加,利于精子运行。

(3)刺激乳腺导管上皮组织细胞收缩,引起排乳。

催产素分泌调节一般是神经反馈性的。通过分娩时对子宫颈和阴道的扩张压力刺激,以及幼畜吮乳的刺激反馈传至下丘脑引起催产素分泌并在神经垂体释放。

3. 临床应用

催产素的商品名为缩宫素,主要用于阵缩时促进分娩,治疗胎衣不下、产后子宫出血和促使子宫内容物(如恶露、死胎等)的排出。促进分娩和缩短产程时,应在分娩出第 1 头仔猪后,再肌内注射缩宫素;也可在母猪输精时注射,或在精液中添加以刺激子宫和输卵管收缩,加速精子运行、防止精液倒流。

3.2.2　垂体促性腺激素

3.2.2.1　促卵泡素(FSH)

1. 来源和特性

促卵泡素又称卵泡刺激素或促卵泡激素,主要是由腺垂体促性腺激素腺体细胞(垂体嗜碱性粒细胞)分泌的。属于糖蛋白激素,分子量大,猪促卵泡素约为 29 000 u。

2. 生理功能

(1)刺激母猪卵巢增长,进而增加卵巢重量。促进卵泡发育,使卵泡颗粒细胞增生,卵泡液分泌增多。

(2)促卵泡素与促黄体素协同作用可促使卵泡内膜细胞分泌雌激素。

3. 临床应用

临床上主要应用于诱导母猪发情和治疗卵巢静止、卵巢发育不全、卵巢萎缩、卵巢硬化等。对母猪每日或隔日进行一次肌内注射,用量 50～100 U,连用 2～3次,若与 LH 联合使用,效果更佳。对产后 4 周的泌乳母猪应用 FSH 可提高发情率和排卵率,缩短空怀期。但由于 FSH 提取困难,临床上多用孕马血清促性腺激素(PMSG)作为替代物。

3.2.2.2　促黄体素(LH)

1. 来源和特性

促黄体素又称黄体生成素,在下丘脑促性腺激素释放激素的作用下,由垂体前叶促黄体素细胞(垂体嗜碱性细胞)产生。是由 α-亚基和 β-亚基组成的糖蛋白激素。提纯比较容易。猪 LH 相对分子质量为 100 000。

2. 生理功能

(1)在促卵泡素作用的基础上,促使卵泡发育成熟并排卵。

(2)在正常生理条件下,促进黄体形成,并维持黄体功能,促进孕酮的分泌。

3. 临床应用

LH 常用于诱导母猪排卵,治疗发情过短、久配不孕的情况。在临床上常用成本低,且效果较好的人绒毛膜促性腺激素(hCG)代替促黄体素。

3.2.2.3　促乳素(PRL)

1. 来源和特性

促乳素又称催乳素,俗称生乳素,由垂体前叶腺垂体嗜酸性细胞所产生,是一种糖蛋白激素,猪促乳素的分子量为 23 300 u。

2. 生理功能

(1)促乳素与雌激素协同作用于乳腺导管系统,与孕激素共同作用于腺泡系统,刺激乳腺的生长、发育,与类固醇皮质激素一起激发和维持泌乳活动。

(2)促乳素可直接作用于卵巢颗粒细胞,抑制促卵泡激素诱导的颗粒细胞芳香酶活性,使雌二醇合成减少,并抑制排卵。

(3)促进黄体分泌孕酮。

3.2.3 性腺激素

3.2.3.1 雌激素(E_2)

1. 来源和特性

雌激素又称卵泡素、动情素。雌性动物主要由发育卵泡的内膜细胞和颗粒细胞产生,卵巢间质细胞、黄体和胎盘也能产生一定量的雌激素。天然的雌激素主要包括雌二醇、雌酮和雌三醇3种。雌激素属于类固醇激素,活性最强的为雌二醇。

2. 生理功能

雌激素为促使母猪生殖性能正常发育和维持母猪正常性功能的主要激素。其中最主要的雌二醇有以下功能。

(1)可促进母猪的发情行为和雌性第二性征;促使阴道上皮增生和角质化,利于交配;促使子宫颈管道松弛,并使其黏液变稀,利于交配时精子通过。

(2)促进尚未成熟的母猪生殖器官生长发育和乳腺导管系统发育。

(3)刺激子宫和输卵管肌层收缩,增强子宫和输卵管收缩能力,以利于精子和卵子运行。

(4)反馈调节下丘脑和垂体功能。

3. 临床应用

近年来,合成类雌激素很多,主要有己烯雌酚、二丙酸己烯雌酚、二丙酸雌二醇、乙烯酸、双烯雌酚等。它们具有成本低,使用方便,吸收排泄快,生理活性强等特点,已经成为非常经济的天然雌激素代替品。生产上主要用于排除子宫内存留物,用于死胎、子宫积脓及胎衣不下的处理;可使子宫颈松弛,加强子宫的兴奋性,雌激素与OXT配合使用效果更好;用于诱导母猪发情,但单独使用雌激素虽可诱导母猪表现出发情症状,但一般不排卵,属于无效发情。如果长期使用雌激素处理,还容易造成母猪卵巢机能衰退和卵巢萎缩,出现顽固性繁殖障碍。

3.2.3.2 孕激素(P)

1. 来源和特性

孕酮为最主要的孕激素。来源于卵巢黄体细胞,是类固醇类物质,以孕酮为主。

2. 生理功能

(1)促使子宫黏膜层加厚,子宫腺体增大,分泌功能加强,利于胚胎的着床。

(2)抑制子宫的自发性活动,降低子宫肌层兴奋,使胎盘发育,维持正常妊娠。

(3)大量孕酮对雌激素有抗衡作用,抑制发情活动;少量可与雌激素协同,促进发情。

(4)妊娠期促进乳腺腺泡的发育。

(5)促使子宫颈口和阴道收缩,子宫颈黏液变稠,形成阴道栓。

3. 临床应用

孕激素多用于防止功能性流产,治疗卵巢囊肿、卵泡囊肿等。可以配合或替代hCG 和 LH 治疗卵泡囊肿。也可用于控制发情,对母猪连续给予孕酮 7 d 以上可抑制垂体促性腺激素的释放,从而抑制发情,造成人工黄体期。一旦停止给予孕酮,即能反馈性引起促性腺素释放,使其在短期内出现同时发情。

3.2.3.3　雄激素(A)

1. 来源和特性

雄激素中最主要的形式是睾酮,主要由雄性睾丸间质细胞所分泌。母猪肾上腺皮质部、卵巢、胎盘也能分泌少量雄激素。属于类固醇激素。

2. 生理功能

(1)对雄性动物:主要功能是促进和维持雄性生殖器官成熟、第二性征发育和性行为出现。促进雄性副性腺发育,如前列腺、精囊腺、尿道球腺、输精管、阴茎和阴囊等;促进公猪的性欲和性行为;促进精子发生,延长附睾中精子寿命。同时,抑制垂体分泌过多的促性腺激素,以保持体内激素的平衡状态。

(2)对雌性动物:雄激素对雌激素有拮抗作用,可抑制雌激素引起的阴道上皮角质化。

3. 临床应用

临床上雄激素多用于提高公畜的性欲以及抑制母畜的发情;应用于母猪可减少对寄养仔畜的攻击行为。

3.2.3.4　松弛素(RLX)

1. 来源和特性

松弛素属于水溶性多肽类物质,猪主要产生于妊娠期黄体。

2. 生理功能

(1)作用于骨盆韧带和耻骨联合,使耻骨间韧带扩张,耻骨联合扩张,有利胎儿娩出。

(2)作用于子宫颈,可使子宫口松软和扩张,打开软产道,利于胎儿产出。

(3)作用于子宫,促使子宫水分含量增加。

(4)作用于乳腺,可促使乳腺发育。

3. 临床应用

松弛素主要应用于子宫镇痛、预防流产和诱导分娩。

3.2.4　其他激素

3.2.4.1　前列腺素

1. 来源和特性

前列腺素属于组织激素,并非由专一的内分泌腺产生。早在 1930 年,美国妇产科医生 K. Kurzrok 和 C. Lieb 从人和绵羊的精液和精囊腺发现这种特殊激素,以为来源于前列腺,所以命名为前列腺素。前列腺素广泛存在于动物的各种组织中,主要来源于生殖器官,特别是子宫内膜和母体子宫的胎盘,在脑部则以下丘脑较多,前列腺素属于不饱和脂肪酸类物质。已知的天然前列腺素(PGs)分为 A、B、C、D、E、F、G、H 等型和 PG1、PG2、PG3 三类,但以 A、B、F、E 为主要类型。不同类型的前列腺素有不同的生理功能。对猪来说,最重要的是 $PGF2\alpha$ 在调节繁殖机能方面的作用。

2. 生理功能

(1)与下丘脑和垂体的关系:PGF 能够增加丘脑下部 LHRH(促黄体素释放激素)的释放;PGE2 和 PGE1 都能促进 LH 和 FSH 的释放,调节促性腺激素波动性分泌以及调节促性腺激素周期性释放。

(2)与卵巢的关系:PGs 作用是溶解黄体和影响排卵。$PGF2\alpha$ 对黄体具有明显的溶解作用;PGE1 能抑制排卵,$PGF2\alpha$ 通过引起血液中 LH 的升高有促进排卵作用。

(3)与子宫和输卵管的关系:$PGF1\alpha$ 和 $PGF2\alpha$ 能使各段肌肉收缩,以上这些作用对于精子、卵子或受精卵的运行都有一定作用,因而能影响受精和着床。子宫能合成 PGs,溶解黄体使孕激素减少或停止分泌,从而促进发情;能引起子宫平滑肌收缩,增强分娩时的宫缩。

(4)影响其他生殖激素的分泌和释放。

3. 临床应用

天然 $PGF2\alpha$ 提取困难,在体内的半衰期短,活性范围又很广,容易产生副作用。在实际工作中多使用 PGs 的类似物,如氯前列烯醇。其主要用于控制母猪的人工引产,母猪用量为 2.5～10 mg;$PGF2\alpha$ 及其类似物可缩短正常黄体存在的时间,常用于调节母畜的发情周期,促进同期发情,促进排卵,$PGF2\alpha$ 剂量为母猪肌内注射 1～2 mg;治疗母畜持久黄体、卵巢囊肿和子宫疾病,处理产后"不洁猪"等,用量为 2.5～10 mg。

3.2.4.2　性外激素

1. 来源和特性

生物体向环境释放、在环境中起着同种个体间传递信息、引起对方产生特殊反应的一类生物活性物质。与性活动有关的外激素称为性外激素。现已发现公猪的两种性外激素：一种由睾丸合成，在脂肪中贮存，由包皮腺和唾液腺排出体外，是具有特殊气味的类固醇激素；另一种由颌下腺分泌，由唾液排出，具有麝香气味，也是类固醇激素，对发情母猪都具有强烈的刺激。

2. 生理功能

(1)性外激素可以用来召唤异性，使彼此间聚会。

(2)刺激异性间的求偶行为和交配行为。

(3)可对异性或同性的生殖内分泌产生一定的调节作用。

3. 临床应用

生产中常用于母猪催情、母猪的试情；用于公畜采精训练；利用"异性刺激""公畜效应""群居效应"等，可促使家畜的性成熟，提高母畜的发情率和受胎率；用于仔畜的寄养等。

3.3 卵泡发育和排卵

3.3.1 卵子的发生与形态结构

3.3.1.1 卵子的发生

1. 卵原细胞的增殖

在胚胎期性分化之后，雌性胎儿的原始生殖细胞便分化为卵原细胞。卵原细胞与其他细胞一样含有高尔基体、线粒体、内质网、细胞核和一个或多个核仁，通过有丝分裂形成许多卵原细胞，称为增殖期。猪的增殖期为胚胎期 30 d 至出生后 7 d。卵原细胞增殖结束后，发育为初级卵母细胞，并进入减数分裂前期休止，被卵泡细胞包被而形成原始卵泡。原始卵泡出现后，有的卵母细胞便开始退化，所以卵母细胞数量逐渐减少，最后能达到发育成熟直到排卵的只是极少数。

2. 卵母细胞的生长

卵母细胞发育为初级卵母细胞并形成卵泡后，初级卵母细胞体积增大，卵黄颗粒增多，卵泡细胞通过有丝分裂而增殖，由单层变为多层，卵泡细胞分泌的液体聚积在卵黄膜周围，形成透明带。卵泡细胞为卵母细胞提供营养物质，为以后的发育提供能量来源。

3. 卵母细胞的成熟

包裹在卵泡中的卵母细胞是一个初级卵母细胞，在排卵前不久进行第一次减数分裂，排出有一半染色质及少量细胞质的极体，称为第一极体。而含大部分细胞质的卵母细胞则称为次级卵母细胞。第二次减数分裂时，次级卵母细胞分裂为卵细胞和一个极体,这个极体称为第二极体。第二次减数分裂是在排卵之后,受精过程中完成。

猪在胎儿期,初级卵母细胞进行到第一次减数分裂前期不久,卵母细胞就进入持续很久的静止期,到排卵前才结束,称为复始。排卵时母猪的卵子只完成第一次减数分裂,所以排出的是次级卵母细胞和一个极体。直到精子进入透明带卵母细胞被激活后排出第二极体,才完成第二次减数分裂。

3.3.1.2　卵子形态结构

猪的正常卵子为圆形或椭圆形,直径 $120\sim140$ μm。主要结构包括放射冠、透明带、卵黄膜、卵黄、核和核仁。

1. 放射冠

刚排出的卵子被数层放射冠细胞及卵泡液基质所包围。

2. 透明带

透明带是卵泡细胞在卵泡发育过程中,分泌在卵母细胞周围均质而明显的半透膜,可被蛋白水解酶所溶解。

3. 卵黄膜

卵黄膜是卵母细胞的皮质分泌物,它具有与体细胞的原生质膜基本相同的结构和性质。透明带和卵黄膜是卵子明显的两层被膜,它们具有保护卵子完成正常受精过程,使卵子有选择性地吸收无机离子和代谢产物,对精子具有选择作用等功能。

4. 卵黄

排卵时卵黄占透明带内的大部分容积。精子和卵子结合后卵黄收缩,并在透明带和卵黄膜之间形成一个"卵黄周隙",成熟分裂过程中卵母细胞排出的极体存在于此。

5. 核和核仁

核有明显的核膜,核内有一个或多个染色质核仁,核的 DNA 含量很少。

3.3.2　卵泡的发育

3.3.2.1　卵泡发育过程

猪在出生前卵巢就含有大量原始卵泡,但出生后随着年龄的增长,数量不断减少,在发育过程中大多数卵泡中途闭锁而死亡,只有少数卵泡发育成熟并排卵。初情期前,卵泡虽能发育,但不能成熟排卵,当发育到一定程度时,便退化萎缩,到达初情期时,卵巢上的原始卵泡通过一系列复杂的发育阶段,而达到成熟排卵。根据卵泡生长发育阶段不同,可分为原始卵泡、初级卵泡、次级卵泡、生长卵泡及成熟卵泡,见图 3-4。

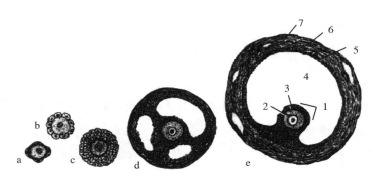

图 3-4　成熟卵泡模式图

a.原始卵泡　b.初级卵泡　c.次级卵泡　d.生长卵泡　e.成熟卵泡

1.卵丘　2.卵母细胞　3.透明带　4.卵泡腔　5.颗粒膜

6.卵泡内膜　7.卵泡外膜

在卵泡生长发育过程中,卵泡颗粒层外围的细胞分化为卵泡膜,卵泡膜分为内外两层,内膜为上皮细胞,富有许多血管和腺体,是产生雌激素的主要组织,外膜为纤维状的基质细胞。发育成熟的卵泡由外向内分为:外膜、内膜、颗粒细胞层、透明带、卵细胞。

3.3.2.2　卵泡的闭锁和退化

卵泡闭锁总是伴随卵泡生长而发生的,贯穿于胚胎期、幼龄期和整个育龄期。在胚胎期和幼龄期,发动生长的卵泡注定全部闭锁,即使到育龄期,绝大多数生长卵泡也都将在不同生长阶段闭锁,最终排卵仅为极少数。卵泡闭锁的生理意义:①在胚胎期,闭锁卵泡的壁膜转变为卵巢的次级间质;②闭锁卵泡可产生某种能够发动原始卵泡生长的物质;③闭锁卵泡支持优势卵泡的生长和成熟。

3.3.3　排卵

猪属于自发性排卵的动物,即卵泡发育成熟后便自发排卵,排卵后形成黄体,在发情周期中其功能可维持一定时间。

3.3.3.1　排卵过程

卵的排出涉及卵母细胞的成熟、卵丘的游离、卵泡颗粒膜细胞的离散和卵泡膜胶原纤维的松解、卵巢白膜和生殖上皮的破裂等一系列生理过程,而且它们按一定程序进行。卵丘细胞分泌糖蛋白,形成一种黏稠物质,将卵母细胞及其放射冠包围,易于输卵管伞的接纳。

3.3.3.2　排卵时间

母猪是多胎动物,在一次发情中多次排卵,因此,排卵最多时是在母猪开始接受公猪交配后 30～36 h,如果从开始发情,即外阴唇红肿算起,在发情 38～40 h 之后。

3.3.3.3 排卵数目

母猪的排卵数与品种有着密切的关系,一般在 10～25 枚。我国的太湖猪是世界闻名的多胎品种,平均窝产仔为 15 头,如果按排卵成活率60%计算,则每次发情排卵在 25 枚以上,而一般引进品种的窝产仔在 9～12 头。排卵数不仅与品种有关,而且还受胎次、营养状况、环境因素及产后哺乳时间长短等影响。

3.3.3.4 激素变化

当发情开始 17～35 h 后,促黄体素分泌达到峰值时会启动成熟卵泡排卵,排卵过程会持续 1～3 h。

3.3.4 黄体的形成与退化

排卵后,卵泡内膜细胞颗粒层细胞下降,原来卵泡液部分留下,卵泡膜血管由于负压而破裂流血,积于卵泡腔内,形成红体。颗粒层细胞增生增大,在促黄体素作用下,转变成黄体细胞,同时卵泡内膜分生出血管,布满于发育中的黄体,为黄体提供营养和转运合成孕酮。卵泡内膜细胞多数退化,少数含类脂质的卵泡内膜细胞移至黄体细胞之间,形成卵泡内膜来源的黄体细胞。黄体主要分泌孕激素和松弛素,保证发情周期正常进行,或保证妊娠母畜正常妊娠和分娩。周期黄体的功能仅数十天,而后急剧变化,一旦开始退化,功能迅速下降,孕酮的合成和分泌急速降低,黄体功能的消退伴有明显的体积缩小。黄体退化是由子宫内膜所产生的前列腺素(PGF2α)输送到卵巢所引起的。猪的妊娠识别一旦完成,周期黄体即转变为妊娠黄体,直至妊娠结束,黄体退化,转化为白体。过程示例,见图 3-5。

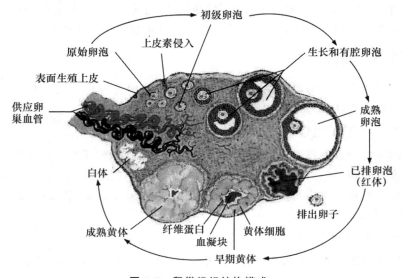

图 3-5　卵巢组织结构模式

3.4 发情生理

3.4.1 母猪的初情期及适配年龄

3.4.1.1 初情期

青年母猪的第一次发情标志着初情期的到来。据报道,青年母猪的初情期到达是年龄而不是体重的一个函数,初情期开始的时间是由遗传所决定的,但初情期的发展过程可受环境因素影响。母猪的初情期一般为5~8月龄,平均为7月龄,但我国的一些地方品种可以提早到3月龄。

3.4.1.2 性成熟

母猪性成熟是指生殖器官发育完善,表现完全的发情症状,排出能受精的卵细胞和有规律的发情周期;猪一般在5~8月龄达到性成熟,但此时猪的生长发育尚未完成,不宜配种。我国的本地猪种较外国的瘦肉型猪性成熟早。

3.4.1.3 体成熟

动物出生后达到成年体重的年龄,称为体成熟期。一般在8月龄以后。

3.4.1.4 适配年龄

从生产角度来说,青年母猪是最佳的配种年龄。由于母猪的初情期受猪品种及饲养管理等许多因素影响,一般以初情期后1~2个发情周期后配种为宜,即初情期后1~2个月配种为最适配种年龄。如果配种过晚,空怀期时间长,经济上不划算。母猪初次适配年龄,培育品种及引入外国品种一般为8~10月龄,体重100 kg左右;地方品种为6~8月龄,体重为70~90 kg。

3.4.2 发情

发情是指母畜生长发育到性成熟阶段时在心理和行为上所表现的周期性性活动的现象。

3.4.2.1 发情特征

1. 卵巢变化

母猪发情时,卵巢上有卵泡发育、成熟和排卵的变化过程,这是母猪发情的内在表现,也是发情的本质特征。

2. 生殖道变化

发情时母猪生殖道充血肿胀、排出黏液(图3-6)。具体变现为外阴部充血,肿胀明显,呈浅红色或紫红色,有少量黏液流出;发情初期阴户黏液量多、稀薄、透明、发情后期逐渐变为浓稠,分泌量减少。

3. 行为变化

母猪行为上表现为食欲下降、兴奋不安,发出鸣叫,往往拱圈门,有跳出猪圈的欲望,也称"闹圈"。有公猪时,两耳竖立,用手按压背腰部时静立不动,尾稍翘起,后肢叉开,出现"静立反应"。

4. 激素变化

当卵巢中大量卵泡发育成熟时,雌二醇分泌增加,延长了下丘脑促性腺激素释放激素的释放,GnRH促进卵巢促黄体素的分泌;在此过程中,雌二醇同时促进发情行为和生殖器官形态改变,即有了发情的外观特征,以静立反应作为发情开始的识别。

3.4.2.2 发情周期

母畜从初情期到性机能衰退之前阶段,除乏情期外,在没有受孕的情况下,每隔一定时间,表现出发情和排卵的过程,称为发情周期。一个发

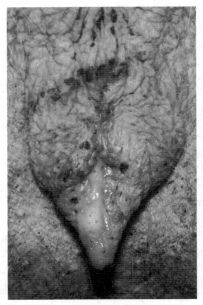

图3-6 发情母猪分泌黏液
(宁波第二激素厂供图)

情周期指从一次发情开始到下一次发情开始的间隔时间。不同年龄和品种的母猪,其发情周期长短差别不大,一年四季均可发情,温度和光照对其影响很小。猪的发情周期平均为21 d,但不同个体间存在差异,一般发情周期在18~24 d均为正常。

通常将发情周期分为:发情前期、发情期、发情后期、间情期(休情期)。以排卵为界限,根据卵巢上有无卵泡发育和黄体存在也可将发情周期分为:卵泡期、黄体期。

1. 发情前期

发情前期的特征是阴门肿胀,前庭充血,阴门变红,子宫颈和阴道分泌一种水样稀薄阴道分泌物。发情前期大约持续2 d。此时的母猪通常变得越来越不安定,厌食,好斗。如果公猪在附近的圈里,母猪就会主动接近公猪。

2. 发情期

母猪有明显发情症状,进入接受交配的时期。母猪发情持续40~70 h,排卵发生在该时期的后1/3时间。排卵过程大约持续10 h。交配的母猪比没有交配的母猪大约提早4 h排卵。

利用静立反应(压背反应)可以检查母猪发情。另外发情母猪的阴门红肿,尤其是青年母猪。在进行人工授精时,公猪出现在圈栏的对面时,可以增强这种反应。

3. 发情后期

发情后期发生在静立反应之后,排卵通常发生在发情结束或发情后期开始。排卵后,卵巢腔里充满血块,黄体细胞开始快速生长,是黄体的形成和发育阶段。即使黄体还没有完全形成,卵泡腔里的黄体细胞已开始产生孕酮。生殖道充血消失,生殖道腺体分泌物变黏,且数量降低。发情后期大约持续 2 d。排出的卵子被输卵管接受并运送到子宫-输卵管结合部。受精发生在壶腹部。如果没有受精,卵子开始退化。受精卵和未受精卵一般在排卵后 3～4 d 都进入子宫。

4. 发情间期

休情期是母猪发情周期中持续最长的一个时期,一般为 14 d,也是黄体发挥功能的时期。这时黄体能产生激素,大量孕酮及一些雌激素进入身体循环,促进乳腺发育和子宫生长。子宫内层细胞生长,腺体细胞分泌一种稀的黏性物质滋养合子。如果合子到达子宫,黄体在整个妊娠期继续存在;如果卵子没有受精,黄体的功能只保持 16 d 左右,黄体会被前列腺素溶解而退化,以准备新的发情周期。约在第 17 天后,由于促卵泡素和促黄体素的释放,卵泡生长和雌激素水平上升。

3.4.2.3　发情周期中的激素变化

母猪的发情周期会受到神经激素的调节。初期时,母猪血浆内的孕酮含量较小,而经过 3～11 d 后,孕酮的含量会迅速增长。同时,处于黄体期内的母猪至少存在两次卵泡生长峰值时期,且较为明显的是第二次的峰值时期,这也说明,母猪的排卵率一直处于增长趋势。

母猪发情的根本在于其黄体期与卵泡期的交替循环。神经激素会影响卵泡的形成,同时,促性腺激素与类固醇激素会彼此促进并保持平衡,从而保障母猪发情期的正常。当母猪处于发情期时,下丘脑会分泌促性腺激素,而 FSH 与 LH 的协同会刺激卵泡发育,并促使卵泡分泌雌激素,随后其跟随血液循环运输至母猪的神经中枢系统,促使母猪出现发情行为。在排卵之后,卵泡细胞会在 LH 的刺激下变为黄体细胞,并最终形成黄体。而当孕酮分泌量达到一定程度后,其也会反馈下丘脑与垂体前叶,并抑制 FSH 的进一步生成,此时卵泡发育停止,母猪发情行为也逐渐消失。

处于发情期的母猪如果没有对其进行配种工作,或者在配种后母猪并未怀孕,一段时间后,母猪体内的孕酮量会逐渐减少,孕酮分泌也会逐渐衰退。而低量的孕酮激素又会刺激 LH 的进一步释放,以致排卵前的 LH 浓度达到分泌峰值,但此时的孕酮分泌量却最少。之后,孕酮对垂体的刺激作用开始减退,此时垂体会继续分泌 FSH,卵泡在受到刺激后会再次发育,雌激素也会大量增多,母猪又会处于发情状态。由此看出,卵泡期与黄体期的交替出现是母猪发情的本质所在,正常的发情周期便是在此机制下周而复始地循环进行,激素变化模式见图 3-7。

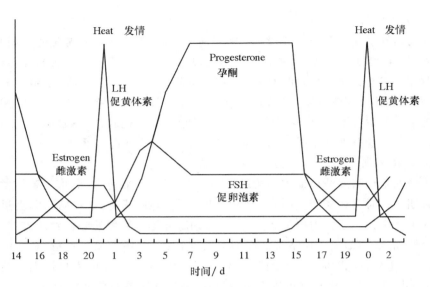

图 3-7　发情周期激素变化趋势

(引自白佳桦,2014)

3.4.2.4　产后发情

产后发情指母畜分娩后出现第一次发情。母猪属于泌乳抑制性发情的动物,大多数母猪在分娩后 3~6 d 出现发情,但不排卵。一般断奶后 1 周内将出现有排卵的正常发情,此时配种比较适宜。

3.5　受精与妊娠

3.5.1　受精生理

受精是指精子和卵子结合,产生合子的过程。在这一过程中,精子和卵子经历一系列严格有序的形态、生理和生物化学变化,使单倍体的雌、雄生殖细胞共同构成双倍体的合子。

3.5.1.1　配子的运行

配子的运行是指精子由射精部位(或输精部位)、卵子由排出的部位到达受精部位。

1. 精子的运行

在交配过程中,公猪将精液直接射到母猪子宫或子宫颈中。母猪的子宫颈没有阴道部,使得精液能顺利射入子宫内,最终在输卵管上 1/3 的壶腹部受精。精子在运行过程中,在子宫和输卵管获能,才具有与卵母细胞受精的能力,这种现象称为精子获能。公猪精子获能需要 3~6 h。精子获能之后,在穿越透明带前后,精子顶体开始膨大,精子质膜和顶体外膜开始融合,使精子顶体形成许多泡状结构,通过空泡间隙释放出透明质酸酶、放射冠穿透酶和顶体酶等,可溶解放射冠、透明带等,这一过程称为顶体反应。

2. 卵子的运行

排卵时输卵管伞充分开放、充血,并靠输卵管系膜肌肉的活动使输卵管伞紧贴于卵巢表面;卵巢借助卵巢固有韧带的收缩而围绕其纵轴旋转运动,保护排出卵子进入伞部,这些活动受卵巢激素控制。卵子自身无运动能力,主要靠输卵管管壁纤毛摆动和输卵管液流动而运动,卵子在壶腹部运动较快。卵子会在壶峡连接部停留一段时间,等待精子入卵。等待精子入卵时,母猪卵子处于第二次成熟分裂中期,入卵后激活卵子完成第二次成熟分裂,释放出第二极体。

3. 配子维持受精能力的时间

公猪精子在母猪生殖道内维持受精能力时间为 24~48 h;卵子为 8~10 h。

3.5.1.2 受精过程

1. 精子穿过放射冠

卵子周围被放射冠细胞包围,这些细胞以胶样基质粘连。精子发生顶体反应后,可释放透明质酸酶,能溶解胶样基质,使精子接近透明带。

2. 精子穿过透明带

当精子与透明带接触后,有短期附着和结合过程,有人认为这段时间前顶体素转变为顶体酶,精子与透明带结合具有特异性,在透明带上有精子受体,保证种的延续,避免种间远缘杂交。顶体酶将透明带溶出一条通道,精子借自身的运动穿过透明带。当第一个精子接触卵黄膜时,会激活卵子,同时卵黄膜发生收缩,释放某种物质,迅速传播到卵黄膜表面,扩散到卵黄周隙,它能使透明带发生变化,拒绝接受其他精子入卵。这种变化称为透明带反应。猪的透明带反应不迅速,有额外精子进入透明带,称为补充精子。

3. 精子进入卵黄膜

精子头部接触卵黄膜表面,卵黄膜的微绒毛先抓住精子头,然后精子的质膜与卵黄膜相互融合形成统一的膜覆盖于卵子和精子的外部表面,精子带着尾部一起进入卵黄,精子头部上方卵黄膜的表面形成一突起。当卵黄膜接纳一个精子后,拒绝接纳其他精子入卵的现象称为卵黄封闭作用或卵黄膜反应,可严格控制多精子入卵。

4. 原核形成

入卵后精子头部膨大,尾部脱落,精子核内出现核仁,并形成核膜,构成雄原核;精子入卵刺激,使卵子进行第二次成熟分裂,排出第二极体,卵子核膜、核仁出现,形成雌原核。雌雄两原核同时发育,在短时间内体积增大 20 倍,两原核相向移动,形成合子。

3.5.2 妊娠生理

妊娠又称怀孕,是指受精卵第一次卵裂到胎儿成熟分娩的时期。母猪妊娠期范围在 102～140 d,平均 114 d。整个过程可分为胚胎早期发育期、胚胎附植期和胎膜、胎盘期。在妊娠早期对母猪进行妊娠诊断,对保胎防流、减少空怀、提高母猪繁殖力具有重要意义。

3.5.2.1 胚胎的早期发育

1. 桑葚期

卵子受精后,受精卵在透明带内进行有丝分裂,称卵裂。当卵裂球达到 16～32 个细胞时,在透明带内形成致密的细胞团,其形状像桑葚,称桑葚胚。

2. 囊胚期

桑葚胚进一步发育,细胞团中间出现充满液体的小腔,这时胚胎称囊胚,此时称囊胚期,这个腔称为囊胚腔。随着腔体扩大,多数细胞被挤在腔的一端,称为内细胞团,将来发育成胎儿。另一部分细胞渐变为扁平而围在腔的四周,成为滋养层,将发育成为胚胎的胎盘和胎膜。囊胚后期,细胞进一步分裂,体积增大,使囊胚从透明带中脱出的过程称为孵化。囊胚期胚胎由输卵管进入子宫。

3. 原肠胚

囊胚进一步发育,胚胎器官分化之前,开始出现 3 个胚层,为胎膜和胎体各类器官的分化奠定了基础。

3.5.2.2 妊娠的识别

卵子受精后至附植之前,早期胚胎产生激素信号传给母体,母体产生相应反应,以识别胎儿的存在,并与之建立密切的联系。母猪配种后 11～14 d,胚胎可产生雌激素,是早期妊娠信号,可促进黄体功能,改变子宫分泌前列腺素(PGF2α)的去向,从子宫静脉(进入卵巢动脉溶解黄体)改变为向子宫腔,即 PGF2α 由内分泌改变为外分泌。胎盘可分泌类似人绒毛膜促性腺激素(hCG)物质,促进黄体功能。

3.5.2.3 妊娠的建立

随着孕体(胎儿、胎膜、胎水构成的综合体)和母体之间信息传递和应答后,使双方关系逐渐固定下来。囊胚进入子宫角后,由于液体增多,迅速增大,当透明带消失后,囊胚变为透明的泡状,称为胚泡。胚泡在子宫内初期处于游离状态,以后凭借胎水的压力而使其滋养层贴附于子宫壁上,位置逐渐固定下来,滋养层逐渐与子宫内膜发生组织及生理的联系,这一过程称为附植。附植处子宫血管稠密,可提供丰富的营养;附植的胚泡距离均等,均匀分布在两侧子宫角。

3.5.2.4　胎盘和脐带

1. 胎盘

胎膜的尿膜绒毛膜和妊娠子宫黏膜共同构成的复合体,前者称为胎儿胎盘,后者称为母体胎盘。猪的胎盘属于弥散型胎盘,又称上皮绒毛膜胎盘。绒毛基本上均匀分布在绒毛膜表面,绒毛插入子宫上皮腺窝内,其特点为分娩顺利,结构简单,联系松弛,易流产,产后子宫恢复较快。

2. 胎盘的功能

(1)交换功能:包括氧气和营养物质的获得及二氧化碳和代谢废物的排出。

(2)产生激素:胎盘是一个临时性的内分泌器官,可分泌促性腺激素,类固醇激素,如雌激素、孕激素等。

(3)免疫功能:对母体免疫系统来说,胎儿和胎儿胎盘对于母体是异物,妊娠过程中形成胎盘屏障,避免母体出现免疫排斥现象。

3. 脐带

脐带是胎儿与胎膜相联系的带状物,包括:脐尿管、2条脐动脉、1条脐静脉、肉冻样组织和卵黄囊遗迹,外有羊膜包被。

3.5.2.5　妊娠母猪的变化

1. 生殖器的变化

(1)卵巢:周期黄体转化为妊娠黄体并存在于整个妊娠期,分泌孕酮,维持妊娠,体积稍有增大,质地略硬。妊娠早期,卵巢偶有卵泡发育,致使孕后发情,但多不能排卵而退化、闭锁。

(2)子宫:随着妊娠期的进展,胎儿逐渐增大,子宫也通过增生、生长和扩展的方式以适应胎儿生长的需求,同时子宫肌层保持着相对静止和平稳的状态,以防胎儿过早排出。附植前,在孕酮的作用下子宫内膜增生,血管增加,子宫腺增长、卷曲、白细胞浸润;附植后,子宫肌层肥大,结缔组织基质广泛增生,纤维和胶原含量增加。子宫扩展期间,自身生长减慢,胎儿迅速生长,子宫肌层变薄,纤维拉长。猪在妊娠时扩大的子宫角最长可达 1.5～3 m,曲折位于腹腔的底部。

(3)子宫颈:在妊娠期间子宫颈收缩紧闭,颈内腺体数目增加并分泌浓稠黏液形成栓塞,称为子宫栓,有利于保胎。

(4)阴道和阴门:妊娠初期,阴门收缩,阴道干涩;妊娠后期,阴道黏膜苍白,阴唇收缩;妊娠末期,阴唇和阴道水肿、柔软,有利于胎儿产出。

2. 母体的变化

妊娠初期,由于胎儿的发育及母体新陈代谢的加强,母猪体重增加,被毛光亮,性情温驯,行动谨慎。妊娠后期,胎儿迅速生长发育,母体常不能消化足够的营养物质以满足胎儿的需求,需消耗前期贮存的营养物质,这往往会导致母猪体内钙、磷含量降低,从而造成母猪出现后肢跛行、牙齿磨损过快以及产后瘫痪等现象。妊娠末期,母猪血流量明显增加,心脏负担加重,同时母猪腹压增大,致使静脉血回流不畅,常出现四肢下部及腹下水肿。

3. 激素的变化

受精卵发育在10 d时,胚体分泌雌激素将卵泡闭锁,并由排卵后的卵泡产生孕酮,使得子宫静止,为早期胚体着床做好准备。胚体发育到10 d后,胚体产生的促黄体前列腺素、雌激素、母体产生的生长激素、整合素,使胚体与母体子宫内膜之间连接,妊娠的第4周胎盘形成并开始产生雌激素和雌酮,着床形成胎盘时产生的雌酮是妊娠的识别。

3.5.2.6 胚胎和胎儿的生长发育与死亡

1. 胚胎的发育

猪胚胎的生长发育特点是前期形成器官,后期增加体重,器官在21 d左右形成,胎儿体重60%以上是在妊娠90 d以后增长的,胚胎的蛋白质、脂肪和水分含量增加,尤其是矿物质含量增加较快。从受精卵开始到胎儿成熟,胚胎的生长发育经历如下3个关键时期。

(1)第一个关键时期:前30 d,受精卵从受精部位移动附植在子宫角不同部位并逐渐形成胎盘的时期,在胎盘未形成前,胎盘很容易受环境条件的影响。饲料营养不全面,饲料霉变,各种机械性刺激,高热病等均会影响胚胎生长发育或使胚胎早期死亡,这个时期胚胎发育和母猪体重增加较缓慢,不需要额外增加日粮的数量。

(2)第二个关键时期:60~70 d,胎儿发育较快,互相排挤,易造成位于子宫角中间部位的胎儿营养供应不均,致使胎儿死亡或发育不良。粗暴对待母猪,大声吆喝,鞭打,追赶母猪,母猪间互相拥挤咬架,都会影响子宫血液循环,增加胎儿死亡率。

(3)第三个关键时期:90 d以后,胎儿生长发育增重尤其迅速,母猪代谢的同化能力强,体重增加很快,所需营养物质显著增加,胎儿体积增加,子宫膨胀,消化器官受挤压,消化机能受到影响。降低青绿饲料的喂量,增加精料尤其是蛋白质较多的饼类饲料,以满足母猪体重与胎儿生长发育迅速增长的需要。

2. 胚胎的死亡

胚胎在妊娠早期死亡后被子宫吸收称为化胎。胚胎在妊娠中、后期死亡不能被母猪吸收而形成干尸,称为木乃伊。胚胎在分娩前死亡,随仔猪一起产出称为死胎。母猪在妊娠过程中胎盘失去功能使妊娠中断,将胎儿排出体外称为流产。胚胎化胎、死胎、木乃伊和流产都是胚胎死亡。母猪每个发情期排出的卵大约有10%不能受精,有20%~30%的受精卵在胚胎发育过程中死亡,出生仔猪数只占排卵数的60％左右。受精卵的死亡有3个高峰时期。

(1)前期死亡:受精卵第9～13天的附植初期和第15～21天的器官形成期,容易受到各种不利因素的影响而死亡,如热应激、饲养管理不当等。这是胚胎死亡的第一个高峰。

(2)中期死亡:妊娠第60～70天,生长发育加快,营养需求增加。对母猪管理不当、咬架、拥挤、追赶、鞭打等,通过神经刺激而干扰子宫血液循环,减少胎儿的营养供给,易增加胎儿死亡。

(3)后期死亡:妊娠后期至产前胎盘停止生长,而胎儿迅速生长。胎盘机能不全,胎盘循环失常,影响营养物质通过胎盘的供应,使营养不足的胚胎死亡。产前的不良刺激、挤压、剧烈活动等,都可导致胎儿脐带血流中断而死亡。这是第三个胚胎死亡高峰。

3.6　分娩

当母猪经过114 d左右的妊娠期以后,胎儿在母体内发育成熟,母体将胎儿及其附属物从子宫内排出体外的生理过程称为分娩。

3.6.1　分娩机制

胎儿发育成熟,分娩自然进行。分娩的发动是由激素、神经、机械性扩张等因素相互配合共同完成的。目前认为,下丘脑—垂体—肾上腺轴对触发分娩具有重要作用。

3.6.1.1　激素作用

胎儿发育到产前一周内,胎儿脑垂体开始释放促肾上腺皮质激素,使胎儿肾上腺分泌肾上腺皮质激素,到分娩前皮质激素达到峰值。肾上腺皮质激素激活孕胎子宫分泌前列腺素,前列腺素促进卵巢黄体溶解及孕酮减少、子宫收缩和分娩。前列腺素同时也促进黄体组织释放松弛素和神经垂体释放催产素,促使子宫颈疏松,增强子宫肌活性。

1. 雌激素

在妊娠期间血液中雌激素的量少,妊娠末期雌激素逐渐增至高峰,增强了子宫肌对催产素的敏感性,从而增强了子宫肌自发性收缩作用,克服了孕酮的抑制作用,刺激前列腺素的合成和释放。

2. 孕酮

黄体产生的孕酮,对维持妊娠起着极其重要的作用。孕酮通过降低子宫对催产素、乙酰胆碱等催产物质的敏感性,抗衡雌激素,来抑制子宫收缩。由于孕激素的减少,这种抑制作用一旦被消除,就成为启动分娩的重要诱因。

3. 催产素

催产素能使子宫发生强烈的阵缩。在开始时,分泌量不大,但在胎儿排出时达到高峰,然后又下降。催产素的释放有两个方面的原因:一方面是妊娠最后期,雌激素升高孕酮下降,而激发神经垂体释放;另一方面是子宫颈或阴道受到刺激,反射性地引起神经垂体分泌催产素。

4. 前列腺素

由子宫静脉分泌的前列腺素,在产前 24 h 达到高峰。其作用是:①直接刺激子宫肌,引起子宫肌收缩;②溶解黄体,使孕酮量下降,从面减弱对子宫肌收缩的阻抑作用;③促进神经垂体释放催产素。

3.6.1.2 神经作用

神经系统对分娩并不是完全必需的,但对于分娩过程具有调节作用,如胎儿的前置,部分对子宫颈及阴道产生刺激,通过神经传导使神经垂体释放催产素。猪在晚间分娩时,外界的光线及干扰减少、中枢神经易于接受来自子宫及软产道的冲动信号。

3.6.1.3 机械作用

在妊娠后期,胎儿逐渐增大,使子宫容积增大,张力提高,子宫内压也升高,子宫肌纤维高度伸张,当达到一定程度时,反射性地引起子宫收缩,产生分娩刺激是通过神经传导的。由于子宫壁扩张后,胎盘血液循环受阻,胎儿所需氧气及营养得不到满足,产生窒息性刺激,引起胎儿强烈反射性活动,导致分娩。

3.6.2 分娩预兆

3.6.2.1 乳房变化

分娩前乳房迅速发育,腺体充实,有的乳房底部出现浮肿。临近分娩时,可从乳头中挤出少量清亮胶状液体或挤出少量初乳,有的猪出现乳漏现象。

3.6.2.2 外阴部变化

临近分娩前数天,阴唇皮肤上皱襞展平,皮肤稍红,阴道黏膜潮红,黏液由浓厚黏稠变为稀薄滑润。

3.6.2.3 骨盆变化

骨盆部韧带在临近分娩的数天内变得柔软松弛,由于骨盆韧带的松弛,臀部肌肉出现明显的塌陷现象。

3.6.2.4 行为变化

母猪分娩前 6~12 h,有衔草做窝现象,出现食欲下降,行动谨慎小心,喜好僻静地方。

3.6.3　分娩过程

3.6.3.1　子宫颈开口期

这个时期只有阵缩而不出现努责。由于子宫颈的扩张和子宫肌的收缩,迫使胎水和胎膜推向已松弛的子宫颈。开始时每 15 min 收缩 1 次,每次持续约 20 s,随时间的推移,收缩频率、强度和持续时间增加。

3.6.3.2　胎儿产出期

这个时期阵缩和努责共同作用,而努责是排出胎儿的主要力量,它比阵缩出现晚,停止早。猪属于弥散型胎盘,胎儿与母体的联系在开口期开始不久就被破坏,切断氧的供应,所以应尽快排出胎儿,以免胎儿窒息。

3.6.3.3　胎衣排出期

当胎儿排出后,母猪即安静下来,经过几分钟后,子宫主动收缩有时还配合轻度努责使胎衣排出。母猪侧卧分娩,胎膜不露在阴门之外,胎水也少,当母猪努责 1～4 次,即可产出 1 仔,娩出 2 个胎儿的间隔通常为 5～20 min,产程一般 2～6 h,产后 10～60 min 从两个子宫角排出两堆胎衣。

3.7　泌乳

随着妊娠与分娩进行,乳腺组织逐渐发育成熟,并发动泌乳。泌乳是乳腺组织真正分化并发挥功能的体现,是哺乳动物以分娩成功为标志的周期性生殖活动过程中的最后一个阶段。我们将该阶段称为母猪哺乳期,目前普遍将母猪哺乳期控制在 18～28 d。

3.7.1　母猪乳腺特点

乳房是哺乳动物所共有的特征性腺体,一般成对生长,左右对称。乳腺主要是由具有分泌、合成和排乳功能的实质和起支持作用的间质两部分构成。猪是多胎动物,母猪一般有 6 对以上乳头,沿腹线两侧纵向排列。乳腺以分泌管的形式通向乳头,中前部的乳头绝大多数有 2～3 个分泌管,而后部乳头绝大多数只有 1 个分泌管,有些猪最后一对乳头的乳腺管发育不全或没有乳腺管。由于每个乳头内乳腺管数目不同,各个乳头的泌乳量不完全一致。猪的乳腺在机能上都完全独立,与相邻部分并无联系。

母猪乳房的构造与牛、羊等其他家畜不同。牛、羊乳房都有蓄乳池,而猪乳房蓄乳池则极不发达,不能蓄积乳汁,所以小猪不能随时吸吮乳汁。只有在母猪"放乳"时才能吃到奶。该过程的启动需要仔猪足够的刺激并使乳房压力升高,但是嘈杂、陌生的环境对母猪造成的应激会使机体拮抗催产素的释放,可能会导致排乳障碍。

3.7.2 乳腺的发育

3.7.2.1 乳腺的正常发育

乳腺的发育很大程度上与乳腺细胞的数目有关,它对母猪的泌乳能力起决定性的作用。猪的乳腺有 3 个迅速增长阶段,在胎儿期就开始生长,但主要的生长阶段是在出生后,更重要的是在妊娠的后期,在哺乳期乳腺仍在生长。

1. 从 90 日龄到初情期

新生仔猪乳腺管系统发育很不完善,主要由皮下的间充质组织形成。90 日龄以前,乳腺组织和乳腺 DNA(代表着乳腺细胞数)的增生缓慢,而 90 日龄时其增长率提高了 4～6 倍。青年母猪直到配种后,乳腺仍然很小,它由许多导管系统和各种向外生长的芽状物组成。

2. 妊娠期

乳腺在发情期之前一直处于静止状态,出现发情后,乳腺导管系统迅速发育。妊娠后,妊娠早、中期乳腺继续发育,但很缓慢,至妊娠 70 d 乳腺组织开始快速发育,在乳腺快速发育期,乳腺经历主要的组织变化是乳腺脂肪和结缔组织被乳腺小叶泡组织所代替,转变成泌乳器官。到妊娠 90 d,乳腺细胞在数量上发育完成,此期间乳腺经历了从脂肪组织和基质组织向有分泌功能的腺泡小叶组织的转变,乳腺中细胞浓度达到最大。其后至妊娠 105 d 分泌功能逐渐完善,乳腺小叶内开始有初乳聚集,直到分娩当日,乳腺分泌功能发育完成。因此,实际生产中母猪怀孕75～95 d 为乳腺快速发育期,尽管乳腺发育在妊娠期结束后并不停止,而是持续到泌乳期,但在饲养管理过程中,普遍将怀孕 75～95 d 的这一段时间作为乳腺发育的重要节点,在管理上引起重点关注。

3. 泌乳期

经过妊娠期的发育,哺乳期的乳腺已经发育成熟,但仍然在快速增生。对于初产母猪,哺乳前期的乳腺仍然含有较多的脂肪和结缔组织,但随着哺乳日龄增加,脂肪和结缔组织开始快速被乳腺实质替代。哺乳期的乳泡小叶组织呈现高度的管泡状,乳泡周围的单层乳腺细胞合成和分泌乳汁的功能达到高峰。在泌乳期中,只有被仔猪哺用的乳头,其乳腺才得以充分发育。对初产母猪来说,其乳头的充分利用是至关重要的。如果初产母猪产仔数过少,有些乳头未被利用,这部分乳头的乳腺则发育不充分,甚至停止活动。因此,要设法使所有的乳头被仔猪哺用(如采取并窝、代哺，或训练本窝部分仔猪同时哺用两个乳头等措施），才有可能提高和保持母猪一生的泌乳力。

3.7.2.2　乳腺发育的激素调控

乳腺在出生后的发育主要受卵巢、垂体、肾上腺皮质等分泌激素的调节和控制。妊娠期间，胎盘分泌的激素对乳腺的发育也有一定影响。妊娠后期，抑制松弛素或促乳素的分泌，乳腺发育迅速降低；催产素通过刺激乳腺导管肌上皮细胞收缩，导致排乳。当幼畜吮乳时，生理刺激传入脑区，引起下丘脑活动，进一步促进神经垂体呈脉冲性释放催产素。

1. 卵巢激素

雌激素可促进乳腺导管生长，而雌激素、孕激素的协同作用可刺激腺泡发育。猪怀孕75 d左右，血浆总雌激素浓度剧烈增加，乳腺重量的增加和乳腺DNA的含量都与雌激素的浓度有正相关关系。

2. 垂体激素

主要指促乳素和生长激素，可与卵巢分泌的雌激素、孕激素共同促进乳腺的生长和发育。

3. 胎盘激素

松弛素是一种在妊娠期间由黄体和胎盘合成和分泌的一种多肽激素。在母猪的泌乳循环中，松弛素与雌激素对乳腺的发育有协同调控的作用。只给去除卵巢的怀孕母猪注射促乳素，而不注射松弛素，在怀孕110 d左右，乳腺发育程度降低，并存在退化的迹象。

3.7.3　泌乳的发动和反馈

3.7.3.1　泌乳的发动

母畜分娩时及分娩后，发育成熟的乳腺开始分泌乳汁的现象称为泌乳发动。引起泌乳发动的原因很多，目前认为，分娩前后血液中激素浓度变化是导致泌乳发动的主要诱因。

1. 泌乳诱因

在分娩前后，血中促乳素峰值对泌乳发动有直接作用。在妊娠期，由于母体黄体孕激素的大量分泌，反馈抑制了垂体促乳素的分泌，并使乳腺对促乳素的敏感性有所降低。同时，孕激素分泌量增加会抑制雌激素对促乳素分泌的刺激作用，导致促乳素分泌量下降。而在妊娠后期，特别是临近分娩时，由于黄体退化以及胎盘分泌能力的降低，孕激素水平迅速下降，减弱或解除了其对促乳素分泌和释放的抑制，提高了乳腺细胞对促乳素的敏感性。同时，雌激素水平在分娩前的升高加速了促乳素释放并形成峰值，引起泌乳发动。开始泌乳后，雌激素的作用逐渐降低。

2. 泌乳行为

当仔猪饥饿需求母乳时,它们就会不停地用鼻子摩擦揉弄母猪的乳房,经过2~5 min 后,母猪开始频繁地发出有节奏的"吭、吭"声,标志着乳头开始分泌乳汁,这就是所谓的放乳。此时仔猪立即停止摩擦乳房,并开始吮乳。母猪每次放乳的持续期非常短(最长 1 min 左右,通常 20 s 左右)。一昼夜放乳的次数随分娩后天数的增加而逐渐减少。产后最初几天内,放乳间隔时间约 50 min,昼夜放乳次数为24~25 次;产后 3 周左右,放乳间隔时间为 1 h 以上,昼夜放乳次数为 10~12 次。而每次放乳持续的时间,则在 3 周内从 20 s 逐渐减少为 10 s 后保持基本恒定。

3.7.3.2 泌乳反馈

乳汁的分泌与乳腺的发育存在着双向调控的现象。良好的乳腺发育可以导致更多的乳汁生产,如果乳汁被及时从乳泡中移出,可以进一步刺激乳腺提升产奶量;乳汁若未被及时移出,则会负反馈乳腺组织,减少母猪乳腺的产奶量。

自然情况下,仔猪吮吸是母猪乳腺泌乳的唯一方式,母猪通过仔猪对乳头的吮吸频率和吮吸奶量,在产奶量上建立平衡。及时充分的吮吸乳腺中的乳汁,可以刺激促乳素和其他激素的分泌,并提升乳腺泌乳量。同样的遗传背景和相似的饲养环境下,窝产仔数较多的母猪比窝产仔数少的母猪总泌乳量大;相同仔猪数量时,仔猪重量大的母猪泌乳量大。

3.7.3.3 泌乳量

母猪的泌乳量依品种、窝仔数、母猪胎龄、泌乳阶段、饲料营养等因素而变动。每个胎次泌乳量也不同,通常以第三胎最高,以后则逐渐下降。以较高营养水平饲养的长白猪为例:60 d 泌乳期内泌乳量约 600 kg,在此期间,产后 1~10 d 平均日泌乳量为 8.5 kg,11~20 d 为 12.5 kg,21~30 d 为 14.5 kg(泌乳高峰期),31~40 d 为 12.5 kg,41~50 d 为 8 kg,51~60 d 为 5 kg。

 思考题

1. 母猪生殖器官主要有哪些?
2. GnRH、FSH、LH 分别是什么激素,主要生理作用分别是什么?
3. 简述母猪发情的外部特征。
4. 激素是怎样调控母猪发情周期的?
5. 简述母猪的分娩过程。

第4章

母猪批次管理饲料营养配合技术

【本章提要】饲料成本占养猪生产总成本的70%左右。实施母猪批次管理,高强度的饲养模式对母猪群健康提出了更高的要求,而科学合理的饲粮营养是猪群健康的首要保证,也是提高饲料利用率的关键。根据批次管理要求划分的不同母猪群体(后备母猪、空怀母猪、妊娠母猪、泌乳母猪)对营养的需求不尽相同,针对不同猪群制定相应的营养饲喂方案也不同。本章介绍后备母猪、空怀母猪、妊娠母猪、泌乳母猪营养需要特点及合理有效的饲料营养配合措施,为保障猪群健康、降低饲料成本奠定基础。

4.1   母猪饲料营养

饲料营养主要是指根据畜禽新陈代谢规律,提供各类营养物质用于维持畜禽生长和生产。饲料营养是母猪生产性能和繁殖性能的关键因素,直接影响现代集约化、规模化猪场的经济效益,本节主要介绍能量饲料、蛋白质饲料、青绿饲料、粗饲料、矿物质饲料、维生素添加剂和非营养性添加剂。

4.1.1   能量饲料

能量饲料主要为畜禽提供能量,主要是干物质中粗蛋白质(crude protein)小于20%、粗纤维(crude fiber)小于18%,且消化能(猪)大于 10.46 MJ/kg 的一类饲料。母猪常用的能量饲料包括禾本科籽实类、糠麸类、油脂等。

4.1.1.1 禾本科籽实类

1. 玉米

玉米(*Zea mays* L.)原产地美洲,是禾本科籽实类的一年生草本植物。玉米是目前我国母猪的主要能量来源,其营养丰富,能量含量较高,被称为"能量之王"。饲用玉米分类方法较多,按照形态和结构可分为硬粒型、马齿型、粉质型、甜质型、甜粉型、爆裂型、蜡质型、有稃型和半马齿型;根据生育期可分为早熟、中熟和晚熟品种;根据用途和籽粒成分可分为甜玉米、糯玉米、高油玉米、高赖氨酸玉米和爆裂玉米;根据籽粒颜色可分为黄玉米、白玉米和混合色玉米。

玉米营养价值较高,中国饲料成分及营养价值表(第30版)中饲用玉米营养成分如下:干物质含量86%～88%、粗蛋白质含量8.0%～9.0%、粗脂肪含量3.6%～5.3%、粗纤维含量1.6%～2.8%、无氮浸出物含量68.3%～71.8%、粗灰分含量1.2%～1.4%、中性洗涤纤维含量9.1%～9.9%、酸性洗涤纤维含量2.7%～3.5%、淀粉含量59.0%～65.4%、钙含量0.01%～0.16%、总磷含量0.25%～0.31%、有效磷含量0.05%～0.09%。

作为母猪常用能量饲料,玉米主要营养特点包括:①碳水化合物以淀粉为主,单糖、二糖、寡糖和粗纤维含量较少;②蛋白质品质稍差,母猪使用时要注意补充赖氨酸、色氨酸、甲硫氨酸等必需氨基酸;③绝大部分矿物质分布于胚部,钙、铁、铜、锰、锌、硒等矿物元素含量较少,植酸磷含量较高(母猪利用率较低);④脂溶性维生素E含量丰富(约为20 mg/kg),水溶性维生素B_1含量较高,但是贮存时间过长易发生虫咬、变质或霉变,显著减少其维生素含量;⑤与其他能量饲料相比,黄玉米富含玉米黄素、叶黄素、胡萝卜素等,有利于提高肌肉品质。

玉米水分含量较高,易被有害微生物污染产生黄曲霉素。饲喂母猪时要特别注意玉米品质。霉变玉米可引起母猪急性或慢性中毒,造成肝脏、肾脏、肠道出血损伤,并出现腹水、皮肤病变、神经症状等,导致母猪发情率降低和流产率提高,死亡率急剧上升。

综上,玉米营养价值较高,是优秀的能量饲料,但是易氧化霉败变质,因此在使用时要特别注意玉米的贮存方式方法,最好现配现用。

2. 大麦

大麦(*Hordeum vulgare* L.)是禾本科大麦属一年生草本植物。饲用大麦可分为裸大麦和皮大麦。裸大麦是大麦的变种,成熟后稃壳容易脱落,其营养成分如下:干物质含量87.0%、粗蛋白质含量13.0%、粗脂肪含量2.1%、粗纤维含量2.0%、无氮浸出物含量67.7%、粗灰分含量2.2%、中性洗涤纤维含量10.0%、酸性洗涤纤维含量2.2%、淀粉含量50.2%、钙含量0.04%、总磷含量0.39%、有效磷含量0.12%。常用的大麦为皮大麦,又称带壳大麦和有稃大麦,营养成分如下:干物质含量87.0%、粗蛋白质含量11.0%、粗脂肪含量1.7%、粗纤维含量4.8%、无氮浸出物含量67.1%、粗灰分含量2.4%、中性洗涤纤维含量18.4%、酸性洗涤纤维含量6.8%、淀粉含量52.2%、钙含量0.09%、总磷含量0.33%、有效磷含量

0.10％。

作为能量饲料，欧洲国家大麦用得较多，我国使用较少。大麦营养特点是蛋白质含量远低于大豆，但略高于玉米，氨基酸含量丰富，其中赖氨酸含量（0.40％）接近玉米的2倍，大麦脂肪含量约为玉米的一半，必需脂肪酸中亚油酸含量只有0.78％。粗纤维含量较高，因此有效能值较低。大麦含有较多的钾和磷，其次为镁、钙，以及少量的铁、铜、锰、锌等。富含维生素 B_2、泛酸等。但脂溶性维生素如维生素 A、维生素 D、维生素 K 的含量则较低，另外有少量的维生素 E 存在于大麦的胚芽中，因此在大麦使用过程中需要注意脂溶性维生素的补充。大麦含有少量抗胰蛋白酶，不适合饲喂仔猪，饲喂成年母猪时效果较好。

3. 小麦

小麦（*Triticum aestivum* L.）是小麦属植物的统称，属于禾本科植物，广泛分布于世界各地。饲用小麦营养成分如下：干物质含量88.0％、粗蛋白质含量13.4％、粗脂肪含量1.7％、粗纤维含量1.9％、无氮浸出物含量69.1％、粗灰分含量1.9％、中性洗涤纤维含量13.3％、酸性洗涤纤维含量3.9％、淀粉含量54.6％、钙含量0.17％、总磷含量0.41％、有效磷含量0.21％。

小麦的营养特点是粗蛋白质含量在谷实类居首位，但品质较差，缺乏赖氨酸和苏氨酸。粗脂肪含量不到玉米的一半，其中亚油酸的含量仅为0.8％。矿物质含量相对高于其他谷实类饲料，其中铜、锰和锌的含量较高。但是钙少磷多，钙磷比例不适宜，且小麦中70％的磷为植酸磷，利用率低。小麦富含 B 族维生素和维生素 E，但维生素 A、维生素 D、维生素 K 以及维生素 C 含量较少。其生物素的利用率比玉米和高粱低。使用中一般要求小麦含杂率在2％以下，霉变率小于3％。呕吐毒素低于 $600\ \mu g/kg$，黄曲霉毒素低于 $30\ \mu g/kg$。此外，小麦含有较多的非淀粉多糖（NSP）。NSP 含量的增加，会影响动物胃肠消化功能，降低饲料养分利用率，最终导致畜禽的生产性能下降。因此使用过程中应该在小麦型日粮中添加 NSP 酶制剂。小麦中的 NSP 主要是阿拉伯木聚糖，因此日粮中添加复合酶通常以木聚糖酶为主，β-葡聚糖酶为辅。有研究表明，小麦营养价值与贮存时间有一定关系，贮存1年后对于生长猪的营养价值最佳，其后随贮存时间延长，小麦的营养价值降低。

4. 高粱

高粱是单子叶植物纲禾本目禾本科高粱属草本植物，其籽粒和茎叶分别是优良的饲粮和饲草。饲用高粱营养成分如下：干物质含量88.0％、粗蛋白质含量8.7％、粗脂肪含量3.4％、粗纤维含量1.4％、无氮浸出物含量70.7％、粗灰分含量1.8％、中性洗涤纤维含量17.4％、酸性洗涤纤维含量8.0％、淀粉含量68.0％、钙含量0.13％、总磷含量0.36％、有效磷含量0.09％。

饲用高粱大致可分为籽粒饲用高粱、饲草高粱和青贮甜高粱。对于高粱的主要利用部位有籽粒、高粱糠、茎秆等。高粱营养特点是蛋白质含量一般因为品种不同差异较大,籽粒中蛋白质一般在 10% 左右,高粱秆及高粱壳的蛋白质含量较低,并且高粱中蛋白质的品质较差,赖氨酸和色氨酸含量均较低,蛋白质消化利用率低。高粱脂肪含量为 3%,但在其加工副产品中粗脂肪含量会有所提高,如高粱糠中粗脂肪含量可以达到 9% 左右。高粱的矿物质中钙、磷含量与玉米相当,40%~70% 的磷为植酸磷。维生素中 B_1、维生素 B_6 含量与玉米相当,但泛酸、烟酸、生物素含量多于玉米,不过高粱中烟酸和生物素的利用率较低。此外,高粱中含有一定量的单宁。单宁含量过高会严重影响高粱的适口性,因此在选用高单宁高粱(主要是褐高粱)时,其在饲料中的用量不宜过高。饲用高粱的营养价值与收割时期有关,营养生长期的高粱粗蛋白质含量较高,但在结实期后,其蛋白质和能量含量大幅下降,纤维含量迅速提高。因此,适时的收割利用是保证高粱营养价值的关键。

4.1.1.2 糠麸类

1. 小麦麸

小麦麸又称为麸皮,是将小麦磨取面粉后筛下的种皮经一定工艺,如筛选、磁悬、磨碎等加工后的粉状产品。在母猪饲料中应用麸皮不仅可以代替部分玉米,降低饲料成本,而且其膳食纤维可提高母猪胃肠道动力,有效缓解便秘,维持肠道健康。饲用小麦麸营养成分如下:干物质含量 87.0%、粗蛋白质含量 14.3%~15.7%、粗脂肪含量 3.9%~4.0%、粗纤维含量 6.5%~6.8%、无氮浸出物含量 56.0%~57.1%、粗灰分含量 4.8%~4.9%、中性洗涤纤维含量 37.0%~41.3%、酸性洗涤纤维含量 11.9%~13.0%、淀粉含量 19.8%~22.6%、钙含量 0.10%~0.11%、总磷含量 0.92%~0.93%、有效磷含量 0.32%~0.33%。

小麦麸的营养价值差异较大,主要受小麦品种、制作工艺等因素的影响。小麦麸营养特点是粗蛋白质含量较高,高于玉米和高粱,一般在 12%~17%,但蛋白质的品质较差,其中如蛋氨酸等一些必需氨基酸含量较低。矿物质中铁、锰、锌的含量较高,但钙少磷多,钙磷比例严重不平衡,钙磷比在 1:8 左右,并且磷多为植酸磷,利用率较低。小麦麸中含有丰富的 B 族维生素。需要注意的是小麦麸粗纤维含量较高,一般在 9% 左右,小麦麸含有较高的粗纤维,因此不宜作为仔猪饲料使用,作为育肥猪饲料使用时用量一般控制在 15%~20% 以内。同时由于小麦麸具有一定的轻泻性,可通便润肠,因此将适量的麦麸粥饲喂于产后母猪有助于其产后恢复。

2. 米糠

米糠由稻谷果皮、胚、种皮等部分精制而成。米糠用于母猪饲料可以提高肠道蠕动,预防母猪便秘,但忌用量过多(不宜超过 25%)以及使用过程中注意补充钙和磷元素。饲用米糠营养成分如下：干物质含量90.0%、粗蛋白质含量14.5%、粗脂肪含量15.5%、粗纤维含量6.8%、无氮浸出物含量45.6%、粗灰分含量7.6%、中性洗涤纤维含量20.3%、酸性洗涤纤维含量11.6%、淀粉含量27.4%、钙含量0.05%、总磷含量2.37%、有效磷含量0.35%。

4.1.1.3　油脂

油脂是常温状态下液态植物油和固态动物油脂的总称，主要成分为甘油三酯。不溶于水，易溶于有机溶剂。动物油脂主要从猪、牛、羊、鸡、鱼等动物腹部、皮下、纤维、内脏中提取的油脂，常见的有牛油、猪油、禽油。植物油脂主要从果实、种子和胚芽中提取而得，其中代表性植物油脂包括大豆油、菜籽油、棕榈油等。

油脂的营养作用主要包括提供和储存机体能量，参与细胞必需脂肪酸代谢，促进脂溶性营养物质（如脂溶性维生素 A、维生素 D、维生素 E、维生素 K 等）吸收，作为细胞膜的主要成分，抗应激，增强适口性和采食量等。油脂在畜禽营养中的价值主要表现在高效代谢能方面。随着母畜繁殖性能和生产性能的不断提高，日粮能量浓度也应随之提高。常规能量饲料配制日粮难以满足要求，可通过添加油脂提高日粮能量。母猪日粮补充油脂具有重要的作用，添加油脂的高能量日粮可显著提高母猪产仔数、产仔窝重、产仔成活率、断乳后发情率，增强母猪繁殖性能，延长母猪使用周期。

加工和储藏过程不当易使油脂氧化酸败，危害母猪健康，因此使用饲用油脂时一定要注意品质。饲用油脂品质包括以下几个方面：①饲用油脂总脂肪酸含量为92%～94%，在一定范围内不饱和脂肪酸含量越高，机体消化率就越高；②水分含量一般低于1.5%，否则易酸败；③游离脂肪酸含量低于10%；④需严格控制油脂酸价、过氧化值、不可皂化值、丙二醛值等；⑤不溶性杂质需低于0.5%。

4.1.1.4　其他能量饲料

母猪饲用能量饲料还包括块根块茎类（如甘薯、马铃薯、木薯、甘蓝等）、糟渣类（如 DDGS、啤酒糟、玉米酒精糟）、谷物籽实类加工副产品。

4.1.2　蛋白质饲料

蛋白质饲料主要为母猪提供蛋白质营养成分，主要指饲料干物质中粗蛋白质含量≥20%，粗纤维小于18%的一类饲料原料。按照蛋白质来源不同可分为植物性蛋白饲料、动物性蛋白饲料、微生物蛋白饲料等。

4.1.2.1　植物性蛋白饲料

植物性蛋白饲料来源于一些油料籽实类植物加工去油后的产品（粗蛋白质≥20%，粗纤维＜18%）。根据去油工艺的不同可分为"饼"和"粕"两类：物理压榨法去油后的植物性蛋白饲料称为"饼"类；化学溶剂去油后的植物性蛋白饲料称为"粕"类。与"饼"类蛋白质饲料相比，"粕"类蛋白质饲料含油量少，蛋白质含量高，因此通常作为母猪蛋白质饲料的主要来源。该饲料主要包括大豆粕、大豆饼、棉籽饼、菜籽粕等。

1. 大豆粕和大豆饼

大豆[*Glycine max*（Linn.）Merr.]，原产地中国，种植历史 5 000 年左右，主产区为我国东北地区，其种子蛋白质含量丰富优质，是良好的植物性蛋白来源。

大豆粕为化学溶剂浸提去油的大豆副产品，含油量低、蛋白质含量高，营养价值较高，是目前母猪饲料蛋白质的主要来源，其营养成分为：干物质含量 89.0%、粗蛋白质含量 44.2%、粗脂肪含量 1.9%、粗纤维含量 5.9%、无氮浸出物含量 28.3%、粗灰分含量 6.1%、中性洗涤纤维含量 13.6%、酸性洗涤纤维含量 9.6%、淀粉含量 3.5%、钙含量 0.33%、总磷含量 0.62%、有效磷含量 0.16%。大豆饼是大豆物理压榨后得到的副产品，其营养成分如下：干物质含量 89.0%、粗蛋白质含量 41.8%、粗脂肪含量 5.8%、粗纤维含量 4.8%、无氮浸出物含量 30.7%、粗灰分含量 5.9%、中性洗涤纤维含量 18.1%、酸性洗涤纤维含量 15.5%、淀粉含量 3.6%、钙含量 0.31%、总磷含量 0.50%、有效磷含量 0.13%。

大豆粕较大豆饼性质更稳定，因此使用量相对高于大豆饼。大豆饼粕目前是国内外使用最广的蛋白质饲料，主要是因为大豆饼粕含有很低的粗纤维，粗蛋白质含量很高，并且蛋白质中氨基酸含量丰富，氨基酸组成合理。其中赖氨酸含量 2.4%～2.8%，为谷实类饲料中最高，并且赖氨酸与精氨酸比例恰当，为 1∶1.3。异亮氨酸含量是饼粕类中最高的，为 1.8%。因此，大豆饼粕能够很好地满足畜禽的氨基酸需要。在饲料配制过程中，经常将豆粕与玉米作为基础原料使用，但是大豆饼粕中蛋氨酸的含量较低，因此在玉米豆粕型饲粮中需要额外补充蛋氨酸。大豆饼粕中的无氮浸出物主要是一些多糖，淀粉含量很低。维生素中维生素 B_1 和维生素 B_2 的含量较少。但是烟酸、泛酸含量丰富。矿物质中钙少磷多，所含的磷多为植酸磷。

豆粕中抗营养因子的作用可以分为以下几类：①抑制营养物质中蛋白质的消化利用率（如抗糜蛋白酶因子、抗胰蛋白酶因子、植物凝集素）；②影响日粮维生素和矿物元素的吸收（如脂肪氧化酶、植酸）；③大豆中抗原因子引起肠道应激反应；④降低糖类物质的消化吸收利用（如低聚糖、单宁）；⑤引起机体中毒（胺酶）。常用的消除大豆抗营养因子的方法包括物理方法（热处理、膨化、粉碎、去壳）、化学方法（硫酸钠、硫酸铜、硫酸亚铁）、生物处理法（微生物发酵和酶处理）、育种法（培育低抗营养因子的大豆品种）。

2. 菜籽粕和菜籽饼

油菜（*Brassica campestris*），原产地欧洲和中亚，是十字花科的一年生草本植物。加工去油后油菜籽是一种重要的蛋白质饲料。化学溶剂浸提法或物理压榨法得到的副产品分别为菜籽粕或菜籽饼。菜籽粕营养成分为干物质含量88.0%、粗蛋白质含量38.6%、粗脂肪含量1.4%、粗纤维含量11.8%、无氮浸出物含量28.9%、粗灰分含量7.3%、中性洗涤纤维含量20.7%、酸性洗涤纤维含量16.8%、淀粉含量6.1%、钙含量0.65%、总磷含量1.02%、有效磷含量0.25%；菜籽饼营养成分为干物质含量88.0%、粗蛋白质含量35.7%、粗脂肪含量7.4%、粗纤维含量11.4%、无氮浸出物含量26.3%、粗灰分含量7.2%、中性洗涤纤维含量33.3%、酸性洗涤纤维含量26.0%、淀粉含量3.8%、钙含量0.59%、总磷含量0.96%、有效磷含量0.20%。

菜籽饼粕营养特点是蛋白质含量丰富，为34%~38%，是高蛋白饼粕类饲料。氨基酸含量较高，组成平衡，其中以含硫氨基酸的含量较高。并且菜籽饼粕中赖氨酸与精氨酸的比例适宜。粗纤维含量为12%左右。菜籽饼粕中的碳水化合物主要是淀粉，不易被消化。所含的矿物质中铁、锰、锌、硒的含量较高。钙、磷的含量也较高，但是菜籽饼粕中所含的磷多是植酸磷，利用率较低。维生素中的胆碱，叶酸，维生素 B_1，维生素 B_2 等含量均高于豆粕。即使菜籽饼粕营养物质含量较丰富，但是在生产中，菜籽饼粕的使用率远远低于大豆饼粕。这是因为菜籽饼粕中含有硫葡萄糖苷类化合物。硫葡萄糖苷渣在芥子酶催化下可生成异硫氰酸酯和噁唑烷硫酮等有毒物质。这些有毒物质能够刺激动物的胃肠黏膜引起炎症和腹泻。并且菜籽饼粕具有一定的辛辣味，适口性较差。因此，菜籽粕和菜籽饼一般不在母猪饲料中使用。

3. 棉籽粕和棉籽饼

棉籽来源于锦葵科棉属植物，榨油后的副产品可作为畜禽的饲料。化学溶剂浸提法或物理压榨法得到的副产品分别为棉籽粕或棉籽饼。棉籽粕营养成分如下：干物质含量90.0%、粗蛋白质含量43.5%~47.0%、粗脂肪含量0.5%、粗纤维含量10.2%~10.5%、无氮浸出物含量26.3%~28.9%、粗灰分含量6.0%~6.6%、中性洗涤纤维含量22.5%~28.4%、酸性洗涤纤维含量15.3%~19.4%、淀粉含量1.5%~1.8%、钙含量0.25%~0.28%、总磷含量1.04%~1.10%、有效磷含量0.26%~0.28%。棉籽饼营养成分如下：干物质含量88.0%、粗蛋白质含量36.3%、粗脂肪含量7.4%、粗纤维含量12.5%、无氮浸出物含量26.1%、粗灰分含量5.7%、中性洗涤纤维含量32.1%、酸性洗涤纤维含量22.9%、淀粉含量3.0%、钙含量0.21%、总磷含量0.83%、有效磷含量0.21%。

棉籽饼和棉籽粕营养特点是蛋白质含量与菜籽饼粕相当，蛋白质含量在35%~40%，略低于大豆饼粕同时蛋白质品质也不及大豆饼粕，棉籽饼粕中赖氨酸和甲硫氨酸含量较低，精氨酸含量较高。赖氨酸与精氨酸之比为100:270。矿物质中钙和硒的含量较低,磷的含量较高,钙磷比例不适当,并且其中磷多为植酸磷。棉籽饼粕中粗纤维含量较高在 13％ 以上。维生素 B₁ 含量较高,但维生素 A 和维生素 D 的含量较少。棉籽饼粕作为动物饲料应用的不利因素在于其中含游离棉酚。若饲料中添加比例不当极易引起中毒,尤其猪和家禽对游离棉酚特别敏感易出现中毒症状,因此未较好处理的棉籽饼和棉籽粕不应作为母猪蛋白质饲料使用。

4.1.2.2 动物性蛋白饲料

动物性蛋白饲料是动物产品加工后的一类蛋白质饲料,其蛋白质含量高(40％～90％),氨基酸平衡,碳水化合物和粗纤维含量较少,矿物质和维生素含量丰富平衡。母猪常用的动物性蛋白饲料包括鱼粉、肉骨粉、羽毛粉等。

1. 鱼粉

鱼粉是重要的优质蛋白质饲料,由一种或多种鱼经脱脂、脱水、干燥、粉碎处理加工而成。鱼粉主要产地是秘鲁和智利,我国鱼粉主要产地是浙江舟山和山东青岛。鱼粉营养成分丰富,蛋白质和氨基酸平衡,富含矿物质和维生素。但是,由于价格昂贵,鱼粉常用于后备母猪幼龄阶段。常用的鱼粉主要有 3 种,分别为鱼粉(CP67％)、鱼粉(CP60.2％)和鱼粉(CP53.5％),其营养成分分别如下。

鱼粉(CP67％)营养养成分:干物质含量92.4％、粗蛋白质含量67.0％、粗脂肪含量8.4％、粗纤维含量0.2％、无氮浸出物含量0.4％、粗灰分含量16.4％、钙含量4.56％、总磷含量2.88％、有效磷含量2.88％。鱼粉(CP60.2％)营养养成分:干物质含量90.0％、粗蛋白质含量60.2％、粗脂肪含量4.9％、粗纤维含量0.5％、无氮浸出物含量11.6％、粗灰分含量12.8％、钙含量4.04％、总磷含量2.90％、有效磷含量2.90％。鱼粉(CP53.5％)营养养成分:干物质含量90.0％、粗蛋白质含量53.5％、粗脂肪含量10.0％、粗纤维含量0.8％、无氮浸出物含量4.9％、粗灰分含量20.8％、钙含量5.88％、总磷含量3.20％、有效磷含量3.20％。

鱼粉分为国产鱼粉和进口鱼粉,粗蛋白质含量46％～70％不等。进口鱼粉粗蛋白质含量在60％以上,最高可以达到72％,国产鱼粉蛋白质含量较低,一般在45％～55％,优质国产鱼粉在55％以上。鱼粉蛋白质含量高而且品质较好,富含植物性蛋白饲料所缺乏的赖氨酸、甲硫氨酸、胱氨酸、色氨酸等。但是精氨酸含量相对较低,因此在使用鱼粉时除了要考虑含有较多蛋白质外,也应结合动物需要量额外补充精氨酸。鱼粉还含有丰富的维生素 A、维生素 D、维生素 E 等,但当加工和贮存条件不良时这些维生素很容易被破坏。此外鱼粉还含有丰富的矿物质,钙、磷含量均较高,且比例适宜,其所含磷都是可利用的有效磷。同时硒、碘、锌、铁含量也很高。鱼粉的价格较高,因此容易出现掺假问题,一些生产者可能会在鱼粉中掺杂如饼粕、血粉、羽毛粉、沙砾等杂质,购买鱼粉时应注意检验。可以通过鱼粉的颜色、质感、气味等多方面进行判断鱼粉品质的优劣。使用鱼粉制作配合饲时还应注意其食盐含量。另外,由于鱼粉脂肪含量较高,在高温、高湿环境中易氧化酸败,所以应在干燥避光处保存。鱼粉价格较高,具有一定的腥味,因此,在饲料中用量一般不宜过高。

2. 肉骨粉

肉骨粉是将畜禽废弃物(如骨、碎肉、内脏)经去油、干燥、粉碎加工后富含蛋白质的饲料产品。肉骨粉是鱼粉的优质代替品,但是其中可能含有一些羽毛、角、蹄、血、粪便等杂质。肉骨粉营养成分如下:干物质含量 93.0%、粗蛋白质含量50.0%、粗脂肪含量 8.5%、粗纤维含量 2.8%、粗灰分含量 31.7%、钙含量9.20%、总磷含量 4.70%、有效磷含量 4.37%。

3. 羽毛粉

羽毛粉是经高温高压、酸碱蒸煮等工艺加工而成的一类蛋白质饲料,其粗蛋白质含量 80%左右,氨基酸成分较全,胱氨酸含量较高,赖氨酸和甲硫氨酸成分低于鱼粉,含硫氨基酸含量丰富,但是羽毛粉畜禽消化利用率偏低,用于母猪饲料时要适量添加。羽毛粉营养成分如下:干物质含量 88.0%、粗蛋白质含量 77.9%、粗脂肪含量 2.2%、粗纤维含量 0.7%、无氮浸出物含量 1.4%、粗灰分含量 5.8%、钙含量 0.20%、总磷含量 0.68%、有效磷含量 0.61%。

4.1.2.3　微生物蛋白饲料

微生物蛋白质饲料又称为单细胞蛋白饲料,是利用微生物或酶制剂将食品、饲料、化工等工业的废渣和废水进行发酵,获得大量菌体蛋白,主要成分为蛋白质,还包括脂肪、碳水化合物、核酸、维生素等。

微生物蛋白饲料主要是酵母蛋白、细菌蛋白、藻类蛋白等。酵母蛋白在养殖业特别是反刍动物方面应用较早,其蛋白质含量较高(40%以上),氨基酸含量丰富,但缺乏含硫氨基酸,磷含量较高,钙含量较低。细菌蛋白特点是蛋白质含量占干重的 75%以上,除了甲硫氨酸和胱氨酸缺乏外,氨基酸含量较丰富,饱和脂肪酸含量较高。藻类蛋白以螺旋藻和小球藻为主,蛋白质含量较高,必需氨基酸含量较高,但缺乏含硫氨基酸。

微生物蛋白饲料优点明显,包括:①生产效率远高于动植物;②生产方式和来源多种多样;③生产不受季节和场地限制。从长远看,微生物蛋白饲料是替代动植物蛋白的良好方式,但是微生物蛋白仍然具有很多缺点难以克服,包括:①发酵生成菌体蛋白的同时也生成核酸,动物难以消化代谢核酸,会引起血液尿酸水平升高,导致代谢紊乱;②微生物发酵选用的培养基含有毒有害物质,制备的蛋白质饲料存在对畜禽不利的因子;③发酵产生的不利生长因子难以进行纯化。因此,微生物蛋白饲料广泛应用于畜禽,还需要进行技术革新,清除其中有害因子,降低生产成本,扩大应用范围。

4.1.3 青绿饲料

青绿饲料也称为青饲料、绿饲料,种类较多,主要包括蔬菜类、天然牧草、田间杂草、嫩枝树叶、栽培牧草等。青绿饲料蛋白质含量为 10%～20%,维生素(维生素 E、维生素 K、维生素 C、泛酸、烟酸、核黄素等)和矿物元素(钙、磷、钾、镁、氯等)含量丰富、木质素含量较少。青绿饲料适口性较好,营养丰富,适合饲喂母猪,可以代替母猪部分精饲料(以干物质计 10%～15%),从而降低养殖成本和完善饲料营养。然而,青绿饲料粗纤维含量较高,不适宜饲喂过多,否则容易引起消化不良和肠道方面疾病。在饲喂青绿饲料时要注意与其他饲料搭配利用,以取得良好的饲喂效果。在规模化母猪养殖时,在饲喂全价配合饲料的同时,适量饲喂青绿饲料,可提高生产效率。母猪妊娠期采取限制饲喂方案,容易饥饿,躁动不安,产生应激,降低繁殖性能,此时适时适量添加青绿饲料,可提高其饱腹感,降低限制饲喂带来的负面效应。

4.1.4 粗饲料

粗饲料是指在饲料中天然水分含量在 60%以下,干物质中粗纤维含量≥18%的一类饲料,如苜蓿、大豆叶、甘薯藤、花生秧等。粗饲料的营养价值受品种、地理环境、收获期、种植方式和贮存方法的影响。粗饲料对于消化能力较强的后备母猪(4 月龄以上)具有一定的营养作用:①母猪大肠微生物可以发酵粗饲料,产生挥发性脂肪酸、菌体蛋白和多种水溶性维生素;②对于怀孕母猪而言,粗饲料可以缩短食物通过肠道的时间,有效防止便秘;③粗饲料可以促进母猪消化能力,提高采食量。

4.1.5 矿物质饲料

矿物质饲料可以给畜禽补充必不可少的矿物元素。虽然植物性、动物性和微生物饲料均含有矿物元素,但是含量不能满足畜禽需求,需要额外补充,才能维持畜禽正常生长。

4.1.5.1 食盐

食盐(NaCl)可以补充钠和氯,有助于提高采食量,母猪饲料添加量在 0.5%以下。常用食盐的矿物成分如下:钙 0.30%、钠 39.50%、氯 59.00%、镁 0.005%、硫 0.20%、铁 0.01%。

4.1.5.2 钙磷类补充饲料

钙磷类补充饲料主要有石粉、贝壳粉、蛋壳粉、磷酸氢钙等。

饲料用石粉主要成分是石灰石,以碳酸钙($CaCO_3$)为主,是常用畜禽补充钙的饲料原料。石粉矿物成分如下:钙35.84%、磷0.01%、钠0.06%、氯0.02%、钾0.11%、镁2.060%、硫0.04%、铁0.35%、锰0.02%。

贝壳粉是贝壳类动物(河蚌、螺蛳、蛤蜊等)去肉经粉碎研磨加工而成的粉状产品,属于含钙矿物质补充饲料,主要成分钙的含量为32%~35%,其余还含有少量的甲壳素、氨基酸和多糖物质,可用于母猪饲料。

蛋壳粉是禽类蛋壳粉碎研磨加工而成的饲料产品,含有丰富的无机盐类和少量的有机物质,钙含量为30%~40%,磷含量为0.1%~0.4%,加入母猪饲料,补充日粮钙元素含量,维持畜禽健康生长。

磷酸氢钙($CaHPO_4$)作为饲料中重要的磷和钙补充物,其中钙磷比例较适合,能溶于畜禽胃酸,是较好的饲料矿物元素补充料。饲料级磷酸氢钙分为无水$CaHPO_4$和$CaHPO_4 \cdot 2H_2O$两种。无水$CaHPO_4$矿物成分如下:钙29.60%、磷22.77%、磷利用率95%~100%、钠0.18%、氯0.47%、钾0.15%、镁0.800%、硫0.80%、铁0.79%、锰0.14%。$CaHPO_4 \cdot 2H_2O$矿物成分如下:钙23.29%、磷13.00%、磷利用率95%~100%。

4.1.5.3 微量矿物元素补充料

母猪饲料中必需的矿物元素包括铁、铜、锌、锰、硒、碘、钴和铬等。由于常用的动物性和植物性饲料中缺乏上述微量元素,配合母猪饲料时需要额外进行添加。常用的矿物盐包括:硫酸亚铁、氯化亚铁、硫酸铜、硫酸锌、氧化锌、硫酸锰、氯化锰、氧化锰、碘化钾、亚硒酸钠等。饲料生产和养殖实践中,将这些必需微量矿物元素与载体或稀释剂进行混合制成预混料进行添加。

4.1.6 维生素类添加剂

维生素是体内新陈代谢不可缺少的一类调节性物质,在畜禽生长、代谢、发育过程中发挥着重要的作用。母猪常用的维生素包括脂溶性维生素(维生素A、维生素D、维生素E、维生素K)和水溶性维生素(维生素C、维生素B_2、维生素B_3、叶酸、生物素等)。

维生素A是一系列视黄醇的衍生物,具有调节母猪呼吸、消化和生殖等生理功能。母猪缺乏维生素A,皮肤和黏膜容易溃烂,易被细菌和病毒感染。

维生素D有助于机体钙磷吸收,调控骨骼和牙齿等组织的生长发育。母猪缺乏维生素D,易发生骨质疏松,仔猪也易得佝偻病,严重时会导致软骨病,死亡率显著升高。

维生素E(生育酚)是维持母猪繁殖性能的重要因子,主要功能包括抗氧化、保护生殖功能正常运行、维持细胞膜的通透性。母猪缺乏维生素E容易造成繁殖性能降低、肌肉发育不良、产仔较弱等症状。

维生素 K(抗出血维生素),其功能与血液凝固有关。母猪缺乏维生素 K,容易发生贫血、繁殖性能降低、营养代谢性疾病等,特别是分娩时如有损伤则出血不止,导致其死亡。

维生素 C 具有重要的抗氧化应激和解毒功能,尤其在高温环境下,维生素 C 可增强机体抗病能力,减少死亡率。母猪饲料添加维生素 C,能显著提高母猪繁殖力包括受精率、产仔率以及仔猪初生重等。

维生素 B 族种类较多,对机体代谢有重要的调节功能。在生产实践中,维生素 B_2 与采食量、生产性能等有关;维生素 B_3(烟酸)与皮肤和消化器官正常生理活动有关;生物素与皮肤角质化关系密切;维生素 B_{12} 主要调控蛋白质合成和造血过程;叶酸可增强母猪繁殖性能。

4.1.7 非营养性添加剂

非营养性添加剂不是饲料内的固有营养成分,其作用是提高饲料消化利用率、促进动物生长、改善动物健康。非营养性饲料添加剂种类很多,包括抗生素、酶制剂、酸化剂、益生元等。抗生素具有抑制和灭菌作用,高剂量添加可治疗母猪相关疾病,低剂量添加具有促生长作用,但是自 2020 年 7 月 1 日后我国已禁止在饲料中添加抗生素。酶制剂功能是将饲粮大分子成分酶解为易消化的小分子营养物质,促进营养成分消化利用,主要种类包括纤维素酶、半纤维素酶、淀粉酶、植酸酶等。酸化剂可优化肠道内环境,促进消化功能,提高采食量,其种类包括无机酸(甲酸、丙酸、丁酸等)、有机酸(柠檬酸、苹果酸)、复合酸及其盐类。益生元是一类有益微生物,可优化肠道微生物区系,提高营养物质消化利用率。

4.2 母猪饲料配合技术

饲料是母猪生长发育的物质基础。母猪饲料配合技术的核心是饲料配方设计,本节主要介绍母猪营养需要和母猪饲料配方设计技术。

4.2.1 母猪营养需要

母猪营养需要是指母猪维持生长发育和生产性能对各种营养物质和能量的需要量。母猪营养需要包含生长营养和生殖营养。生长营养需要是为了满足母猪自身维持需要,生殖营养需要是为了满足母猪繁殖性能的营养需要。饲料配方设计以母猪营养需要标准为基础进行。

4.2.1.1 后备母猪营养需要

后备母猪是指被选留后尚未参加配种的母猪。由于生长和用途差异,后备母猪营养水平要高于商品育肥猪。初情期和初配体重是衡量后备母猪营养水平的重要标志。瘦肉型和脂肪型后备母猪营养需要分别见表4-1和表4-2。

表 4-1　瘦肉型后备母猪营养需要量

项目	体重/kg		
	50～75	＞75～100	＞100～配种
饲粮消化能(DE)/(MJ/kg)	14.30	14.02	13.81
粗蛋白质(CP)/%	16.0	15.0	13.0
总钙(total Ca)/%	0.75	0.70	0.70
总磷(total P)/%	0.69	0.65	0.65
有效磷(available P)/%	0.40	0.35	0.35
赖氨酸(Lys)/%	0.84	0.74	0.62
甲硫氨酸(Met)/%	0.24	0.22	0.19
甲硫氨酸＋半胱氨酸(Met＋Cys)/%	0.50	0.45	0.39

表 4-2　脂肪型后备母猪营养需要量

项目	体重/kg	
	20～50	＞50
饲粮消化能(DE)/(MJ/kg)	13.60	12.97
粗蛋白质(CP)/%	14.0	12.0
总钙(total Ca)/%	0.55	0.50
总磷(total P)/%	0.44	0.40
有效磷(available P)/%	0.20	0.17
赖氨酸(Lys)/%	0.56	0.44
甲硫氨酸(Met)/%	0.15	0.12
甲硫氨酸＋半胱氨酸(Met＋Cys)/%	0.33	0.25

瘦肉型后备母猪(50 kg～配种)营养需要量分阶段进行精确配比。50～75 kg瘦肉型后备母猪每日营养需要量为:蛋白质 312 g/d、消化能 27.89 MJ/d (6 660 kcal/d)、总钙 14.63 g/d、总磷 13.46 g/d,有效磷 7.80 g/d,赖氨酸 16.4 g/d,甲硫氨酸 4.7 g/d,甲硫氨酸＋半胱氨酸 9.8 g/d;75～100 kg瘦肉型后备母猪每日营养需要量为:蛋白质 327 g/d、消化能 30.56 MJ/d (7 300 kcal/d)、总钙 15.26 g/d、总磷

14.17 g/d,有效磷 7.63 g/d,赖氨酸 16.1 g/d,甲硫氨酸 4.8 g/d,甲硫氨酸＋半胱氨酸 9.8 g/d。100 kg 至配种瘦肉型后备母猪每日营养需要量为:蛋白质 306 g/d、消化能 32.45 MJ/d（7 760 kcal/d）、总钙 16.45 g/d、总磷 15.28 g/d,有效磷 8.23 g/d,赖氨酸 14.6 g/d,甲硫氨酸 4.5 g/d,甲硫氨酸＋半胱氨酸 9.2 g/d。

脂肪型后备母猪与瘦肉型后备母猪营养需要差异较大。20～50 kg 脂肪型后备母猪每日营养需要量为:蛋白质 182 g/d、消化能 17.68 MJ/d（4 225 kcal/d）、总钙 7.15 g/d、总磷 5.72 g/d,有效磷 2.60 g/d,赖氨酸 7.3 g/d,甲硫氨酸 1.9 g/d,甲硫氨酸＋半胱氨酸 4.2 g/d。体重大于 50 kg 脂肪型后备母猪每日营养需要量为:蛋白质 222 g/d、消化能 23.99 MJ/d（5 735 kcal/d）、总钙 9.25 g/d、总磷 7.40 g/d,有效磷 3.15 g/d,赖氨酸 8.1 g/d,甲硫氨酸 2.2 g/d,甲硫氨酸＋半胱氨酸 4.7 g/d。

4.2.1.2 妊娠母猪营养需要

母猪发情配种成功后,母猪进入了妊娠期。妊娠母猪的营养需要量基于维持需要和生产需要进行确定。生产需要主要满足胎儿、子宫、胎盘、母猪本身等生长发育。妊娠母猪营养配合中心任务是保证胎儿在子宫内正常生长发育,防止流产,并分娩健康、体重均一、初生重较重的仔猪。不同胎次和妊娠时间母猪营养需要也有区别,瘦肉型、肉脂型和脂肪型妊娠母猪营养需要分别见表 4-3、表 4-4 和表 4-5。

表 4-3　瘦肉型妊娠母猪营养需要量

项目	胎次							
	1		2		3		4	
	妊娠天数/d							
	<90	≥90	<90	≥90	<90	≥90	<90	≥90
饲粮消化能（DE）/（MJ/kg）	13.93	14.37	13.93	14.37	13.93	14.37	13.93	14.37
粗蛋白质（CP）/%	13.1	16.0	11.6	14.0	10.8	12.9	9.6	11.4
总钙（total Ca）/%	0.63	0.78	0.61	0.72	0.53	0.68	0.52	0.68
总磷（total P）/%	0.51	0.59	0.50	0.54	0.44	0.52	0.45	0.52
有效磷（available P）/%	0.28	0.34	0.27	0.31	0.23	0.29	0.22	0.30
赖氨酸（Lys）/%	0.55	0.74	0.45	0.63	0.40	0.55	0.32	0.43
甲硫氨酸（Met）/%	0.16	0.21	0.12	0.18	0.11	0.16	0.09	0.12
甲硫氨酸＋半胱氨酸（Met＋Cys）/%	0.36	0.48	0.30	0.41	0.28	0.37	0.23	0.31

表 4-4　肉脂型妊娠母猪营养需要量

项目	胎次			
	1		2+	
	妊娠天数/d			
	<90	≥90	<90	≥90
饲粮消化能(DE)/(MJ/kg)	13.39	13.39	13.39	13.39
粗蛋白质(CP)/%	12.0	14.5	10.5	12.0
总钙(total Ca)/%	0.54	0.67	0.45	0.58
总磷(total P)/%	0.43	0.51	0.38	0.45
有效磷(available P)/%	0.24	0.29	0.20	0.25
赖氨酸(Lys)/%	0.46	0.63	0.33	0.45
甲硫氨酸(Met)/%	0.13	0.18	0.09	0.13
甲硫氨酸+半胱氨酸(Met+Cys)/%	0.30	0.41	0.23	0.31

表 4-5　脂肪型妊娠母猪营养需要量

项目	胎次			
	1		2+	
	妊娠天数/d			
	<90	≥90	<90	≥90
饲粮消化能(DE)/(MJ/kg)	12.97	12.97	12.97	12.97
粗蛋白质(CP)/%	11.5	14.0	10.0	11.5
总钙(total Ca)/%	0.52	0.65	0.43	0.56
总磷(total P)/%	0.42	0.49	0.36	0.43
有效磷(available P)/%	0.23	0.28	0.18	0.24
赖氨酸(Lys)/%	0.44	0.61	0.31	0.43
甲硫氨酸(Met)/%	0.13	0.17	0.08	0.12
甲硫氨酸+半胱氨酸(Met+Cys)/%	0.29	0.40	0.21	0.29

4.2.1.3　泌乳母猪营养需要

泌乳母猪营养需要包括维持需要和泌乳需要。母猪泌乳期间会通过消耗机体储备来进行生产,如果机体储备消耗过多易引起下次发情时间延长、配种率和受胎率降低、母猪提前淘汰等。因此,适宜的泌乳母猪饲粮能够可提高母猪泌乳量、改善乳品质、提高仔猪窝重、降低母猪失重、缩短发情间隔和增多排卵数。因此,母猪泌乳期间的营养供给对于生猪生产具有重要的意义,瘦肉型、肉脂型和脂肪型妊娠母猪营养需要分别见表 4-6、表 4-7 和表 4-8。

表 4-6   瘦肉型妊娠母猪营养需要量

项目	胎次								
	1			2			3		
	仔猪平均日增重/(g/d)								
	180	220	260	180	220	260	180	220	260
饲粮消化能(DE)/(MJ/kg)	15.27	15.27	15.27	15.27	15.27	15.27	15.27	15.27	15.27
粗蛋白质(CP/%)	16.5	17.0	18.0	17.0	17.0	18.0	17.0	17.0	18.0
总钙(total Ga)/%	0.65	0.74	0.84	0.62	0.70	0.78	0.63	0.70	0.79
总磷(total P)/%	0.57	0.65	0.73	0.54	0.61	0.68	0.54	0.61	0.68
有效磷(available P)/%	0.33	0.37	0.42	0.31	0.35	0.39	0.31	0.35	0.39
赖氨酸(Lys)/%	0.76	0.82	0.87	0.79	0.80	0.85	0.79	0.80	0.85
甲硫氨酸(Met)/%	0.20	0.21	0.23	0.20	0.21	0.22	0.20	0.21	0.22
甲硫氨酸+半胱氨酸(Met+Cys)/%	0.40	0.43	0.46	0.42	0.42	0.45	0.42	0.42	0.45

表 4-7   肉脂型泌乳母猪营养需要量

项目	胎次	
	1	2+
饲粮消化能(DE)/(MJ/kg)	14.23	14.23
粗蛋白质(CP)/%	15.5	16.0
总钙(total Ca)/%	0.68	0.65
总磷(total P)/%	0.59	0.56
有效磷(available P)/%	0.34	0.32
赖氨酸(Lys)/%	0.70	0.68
甲硫氨酸(Met)/%	0.18	0.18
甲硫氨酸+半胱氨酸(Met+Cys)/%	0.37	0.36

表 4-8　脂肪型泌乳母猪营养需要量

项目	胎次	
	1	2+
饲粮消化能(DE)/(MJ/kg)	14.02	14.02
粗蛋白质(CP)/%	15.0	15.5
总钙(total Ca)/%	0.66	0.63
总磷(total P)/%	0.57	0.55
有效磷(available P)/%	0.33	0.31
赖氨酸(Lys)/%	0.67	0.65
甲硫氨酸(Met)/%	0.18	0.17
甲硫氨酸+半胱氨酸(Met+Cys)/%	0.36	0.34

4.2.2　母猪饲粮配方设计

完整的饲粮组成应包括能量饲料,蛋白质饲料,钙、磷等矿物质饲料,维生素补充料,饲料添加剂等。设计母猪饲粮配方的过程就是利用数学方法将玉米、豆粕、麸皮、食盐等成分进行优化排列组合,使得饲粮营养成分满足母猪的营养需要量。

4.2.2.1　母猪饲粮设计的原则和基本要求

(1)饲料原料要求无毒、无害和环保,设计饲粮时选用的原料要对母猪和仔猪没有毒副作用,也要特别注意母猪排泄物对环境不产生污染如不会让水体富营养化。

(2)饲粮营养成分全面,满足各阶段母猪营养需要,尽量避免"木桶效应"的发生。

(3)饲粮设计时要根据当地自然资源进行合理配制,尽量降低生产成本。

(4)饲粮适口性要有保证,要求母猪爱吃、多吃,提高采食量。

(5)设计饲粮配方时尽可能选择较多的饲料原料,多样搭配,符合母猪肠道消化的生理特点。

(6)母猪饲料配方应该动态化,母猪的营养需要是随着生长阶段、胎次、体重等变化而改变,因此饲料配方不能一成不变,也需要根据相应原则进行调整。

4.2.2.2　母猪饲粮配方设计的常用方法

1. 四角法

四角法又称四边法,在饲料原料种类比较少的情况下可采用此法。该方法比较烦琐,而且计算不能同时满足多项营养指标要求,目前使用率不高。

2. 试差法

试差法(凑数法),基于母猪营养需要量标准,初步拟定饲粮中玉米、豆粕、石粉、食盐等原料比例,再计算其中营养成分(消化能、粗蛋白质、钙、磷等)比例,计算后与母猪营养需要量标准进行比较,若不能满足要求,再调整原料配比,直到满足要求为止。

试差法饲粮配方设计的常用步骤如下:①查寻母猪营养需要量(表4-9),选择适合的饲养标准;②查寻饲粮原料营养成分含量;③根据营养需要量,初步确定各营养成分含量,并根据饲粮原料营养成分含量计算饲粮各营养成分比例;④根据母猪营养需要量,调整原料配比,直到满足要求;⑤利用赖氨酸、钙、磷等成分确定其他成分配比。

以50~75 kg瘦肉型后备母猪为例进行饲料配方设计。

(1)查饲养标准。列出瘦肉型后备母猪(50~75 kg)的营养需要量,见表4-9。

表4-9　瘦肉型后备母猪(50~75 kg)营养需要量

消化能/(MJ/kg)	粗蛋白质/%	赖氨酸/%	甲硫氨酸+胱氨酸/%	钙/%	磷/%
14.30	16.0	0.84	0.50	0.75	0.40

(2)查饲料营养成分表。列出饲料能量和营养物质含量,见表4-10。

表4-10　饲料营养成分表

饲料	消化能/(MJ/kg)	粗蛋白质/%	赖氨酸/%	甲硫氨酸+胱氨酸/%	钙/%	磷/%
玉米	14.27	8.7	0.24	0.38	0.02	0.05
豆粕	14.26	44.2	2.68	1.24	0.33	0.16
小麦麸	9.33	14.3	0.56	0.53	0.10	0.33
油脂	36.61					
石粉					35.84	0.01
磷酸氢钙					29.60	22.77
赖氨酸			78.8			

(3)初拟配方。根据饲料原料营养成分数据,初步拟定各种饲料原料用量比例,并计算结果。

设计一般畜禽配合饲料时,各类饲料原料的用量比例可以参考以下数值:能量饲料占50%~70%,植物蛋白占10%~30%,糠麸类0%~20%,矿物质饲料2%~10%,包括补充钙、磷和食盐等原料,也可将添加剂预混料的用量包含在内。

需要注意的是猪的第一限制性氨基酸为赖氨酸。根据饲料配方的基本要求以及参考上述用量拟定初始配方为：玉米66％、豆粕23％、小麦麸6％、油脂2％、石粉0.7％、磷酸氢钙1％、赖氨酸0.1％、食盐0.2％、预混料1％。初拟配方各养分含量与瘦肉型后备母猪需要量见表4-11。

表 4-11　初拟配方各养分含量与瘦肉型后备母猪需要量

饲料	用量/％	消化能/(MJ/kg)	粗蛋白质/％	赖氨酸/％	甲硫氨酸＋胱氨酸/％	钙/％	磷/％
玉米	66	9.418 2	5.742	0.158 4	0.250 8	0.013 2	0.033
豆粕	23	3.279 8	10.166	0.616 4	0.285 2	0.075 9	0.036 8
小麦麸	6	0.559 8	0.858	0.033 6	0.031 8	0.006	0.019 8
油脂	2	0.732 2	0	0	0	0	0
石粉	0.7	0	0	0	0	0.250 88	0.000 07
磷酸氢钙	1	0	0	0	0	0.296	0.227 7
赖氨酸	0.1	0	0	0.078 8	0	0	0
食盐	0.2	0	0	0	0	0	0
预混料	1	0	0	0	0	0	0
合计	100	13.99	16.766	0.887 2	0.567 8	0.641 98	0.317 37
需要量		14.3	16.0	0.84	0.5	0.75	0.4
与要求差额		−0.31	0.766	0.047 2	0.067 8	−0.108 02	−0.082 63
差额百分比		−2.17	4.79	5.62	13.56	−14.4	−20.66

（4）对初拟配方进行判断和调整。饲料配方设计中对于初拟配方的调整是否顺利取决于判断是否细致、正确。在初拟配方中，能量的含量低于需要量，蛋白质和赖氨酸以及甲硫氨酸和胱氨酸含量高于需要量，钙、磷的含量均低于需要量。能量相差2.17％，蛋白质多4.79％，赖氨酸含量多5.62％。在配方调整时应避免因为过多减少蛋白质和赖氨酸而导致能量的不足，因此在选择需调整的饲料原料时应考虑原料的等量替换，能量变动值和蛋白质、赖氨酸的变动值之比。配方差额中能量与蛋白质、赖氨酸之比分别为−0.41（−0.31/0.766）和−6.57（−0.31/0.047 2）。若用玉米替代小麦麸，则能量（14.27−9.33＝4.94）与蛋白质（8.7−14.3＝−5.6）、赖氨酸（0.24−0.56＝−0.32）差值之比分别为−0.88和−15.44。玉米取代豆粕时能量与蛋白质、赖氨酸比值分别为−0.000 28和−0.004 1。在进行养分的调整时要先将不足的养分补足，再考虑降低某些超出

需要量的养分。所以调换的两种饲料差额中能量与蛋白质以及能量与赖氨酸的比值需分别大于 0.41 和 6.57(此时可不考虑正负),本次配方中小麦麸符合这一标准,因此可以通过玉米与小麦麸之间的调换来调整能量含量。玉米与小麦麸的增减可以参考如下:每增加 1% 的玉米降低 1% 的小麦麸,饲料中能量将增加 0.049 MJ/kg,蛋白质会下降 0.056%,赖氨酸下降 0.003 2%。

在配方调整的过程中若赖氨酸含量较高,可小幅度下调赖氨酸添加剂的比例。初拟配方中甲硫氨酸和胱氨酸多出 13.56%、钙、磷与需要量相比分别少 14.4%、20.66%,在饲料原料中玉米的甲硫氨酸和胱氨酸的含量相对低于小麦麸和豆粕,因此在调整能量的过程中玉米和小麦麸的调换会降低甲硫氨酸和胱氨酸含量。钙和磷的含量不足,需要补充石粉和磷酸氢钙调整,由于磷酸氢钙中钙磷含量均较高,而石粉中磷含量很少却含有较多的钙。所以,可以先用磷酸氢钙满足磷的需要,而后用石粉补足钙。调整后的配方见表 4-12。

表 4-12 调整后的配方表

饲料	用量/%	消化能/(MJ/kg)	粗蛋白质/%	赖氨酸/%	甲硫氨酸+胱氨酸/%	钙/%	磷/%
玉米	67.8	9.675 06	5.898 6	0.162 72	0.257 64	0.013 56	0.033 9
豆粕	4.5	0.419 85	0.643 5	0.025 2	0.023 85	0.004 5	0.014 85
小麦麸	21.3	3.037 38	9.414 6	0.570 84	0.264 12	0.070 29	0.034 08
油脂	3	1.098 3	0	0	0	0	0
石粉	0.7	0	0	0	0	0.250 88	0.000 07
磷酸氢钙	1.4	0	0	0	0	0.414 4	0.318 78
赖氨酸	0.1	0	0	0.078 8	0	0	0
食盐	0.2	0	0	0	0	0	0
预混料	1	0	0	0	0	0	0
合计	100	14.230 59	15.956 7	0.837 56	0.545 61	0.753 63	0.401 68
需要量		14.3	16.0	0.84	0.5	0.75	0.4

 思考题

1. 简述青绿饲料在母猪营养调控中的重要作用。

2. 简述粗饲料在母猪营养调控中的重要作用。

3. 简述维生素类饲料添加剂在母猪营养调控中的重要作用。

4. 简述饼粕类饲料抗营养因子及其脱毒方法。

5. 简述后备母猪的营养需要。

6. 简述妊娠母猪的营养需要。

7. 简述泌乳母猪的营养需要。

第5章

母猪批次管理饲养技术

【本章提要】在批次养猪生产中,提高后备母猪培育质量及改善能繁母猪的饲养管理,以确保有足够数量的种用母猪,能够按照正常生理繁殖规律,分批次进入发情配种、妊娠和产仔哺乳等生产环节。本章从规模化猪场的种猪精细化饲养管理的角度,介绍后备母猪培育及能繁母猪各阶段的饲养管理,为企业实现能繁母猪健康、高产的生产奠定基础。

5.1 后备母猪饲养管理技术

高繁殖性能后备母猪的培育是猪场能及时更新和补充繁殖母猪群,实现批次生产有序进行的保障。生产中,对购进或选留的后备母猪应依据其不同发育阶段的营养需求,提供全价而平衡的优质饲粮,强化环境因素控制,确保后备母猪体成熟与性成熟的一致性,对延长其繁殖使用年限,提高终身生产成绩具有重要意义。

二维码 5-1 如何选择合格后备母猪
（科技帮扶宝坻生猪团队
李志、付永利、于海霞录制）

5.1.1 后备母猪的引进

为了保证猪场繁殖母猪群始终具有一个良好而稳定的生产力,生产者必须按照计划淘汰病残和产能低下的母猪,及时更新补充青年母猪进入繁殖母猪群。因此,无论是本场选留还是外场购入青年母猪,均需做如下前期准备工作。

5.1.1.1　制定引种计划

规模猪场繁殖基础母猪群一般年更新率为30%左右,但在批次生产中,猪场最好能结合自身的实际情况,根据种猪群更新计划,确定所需品种和数量后,通常每3批次需要的后备母猪数量集中为一次引进,即每次引进种猪时均按照大、中、小,购进不同日龄和体重的青年母猪进行培育,这样不仅能够满足每批次需要的后备母猪,而且减少了猪场全年引进种猪的次数,大大降低引入疾病的风险。

5.1.1.2　隔离饲养

后备母猪隔离的目的是要保护原有猪群在与后备母猪(也许它们携带了某些病原)接触前不受"新"疾病的侵袭。猪场应建有后备种猪隔离培育舍,一般要求隔离舍距离生产区300 m以上。新引进种猪到场后不能直接转进猪场生产区,必须实行严格的措施隔离饲养30～45 d,在隔离舍期间,须每天检查,看有无临床症状,任何异常状况都要做好记录,及时通知兽医。并通过严格检疫,确认新引进的后备母猪没有细菌性感染阳性和病毒野毒感染,方可将后备母猪转到培育舍进行饲养,此外,原则上要选择单一的种猪场引进后备母猪,以避免从不同猪场引种带来新的疫病或者由不同菌(毒)株引发相同的疾病风险。

5.1.1.3　免疫与驯化

后备母猪引进到场后,为避免遭受本场病原微生物(细菌和病毒)的威胁,须对其进行微生物学和环境适应性驯化。新引进种猪到场1周后,首先要进行采血检测猪瘟、口蹄疫等疫病的抗体情况,然后再按本场的免疫程序接种猪瘟、伪狂犬病、蓝耳病、口蹄疫等疫苗。青年母猪转入生产线前1个月(约7月龄)在隔离舍内进行病原微生物学的驯化,即让后备母猪有节制地与原有猪群接触,如与本场老母猪或老公猪混养2周以上,或采用让后备母猪少量接触本场猪群的粪便,以逐步建立抗击本场现存病原微生物的免疫防御机能,而不使后备母猪在进入原有猪群时感染疾病,这个过程最少需4～5周。

5.1.2　后备母猪的饲养

5.1.2.1　专用后备母猪料的配制

在配制后备母猪饲料时,要保障各种营养均衡及原料多样化;配合饲料的原料种类多样化,可有利于原料之间各种营养素的互补和平衡,还可保持配合饲料的酸碱平衡。与商品生长育肥猪相比,后备母猪饲粮中应含有更高水平的蛋白质、必需氨基酸,重点补充维生素C、维生素E、生物素、叶酸、胆碱、钙、磷等维生素和有机微量元素,因此,后备母猪饲养过程中应使用专用后备母猪饲粮。

为了促进后备母猪的生长发育,有条件的猪场可饲喂适量的优质青绿饲料。

青绿多汁饲料不仅含有大量矿物质和维生素,还含有较多可消化的膳食纤维,有利于后备种猪肠道发育和健康。一般每天提供 1~1.5 kg,青绿多汁饲料不可饲喂过多,防止因过食形成垂腹。

饲料的安全性影响着后备母猪的生长发育及发情表现,可造成后备母猪及繁殖母猪的淘汰比例增大,如霉菌毒素及饲料中高铜对后备母猪的危害。

5.1.2.2　饲喂方法

在饲喂方法上,为控制后备种猪体重的快速增长,保证各器官能充分发育和足够的繁殖营养素的储备,宜采用定时定量和分阶段饲养法。后备母猪一般采用 4 阶段饲喂模式。

(1)体重达到 50 kg 前:采用生长猪饲料,自由采食,日喂量占其体重的 2.5%~3.0%。

(2)体重达到 50~100 kg:采用后备母猪专用料,自由采食,日喂量占其体重的 2.0%~2.5%。

(3)体重 100 kg 至配种半月左右:采用限制饲喂方法控制后备母猪体重的快速增长,一般要求后备母猪的日增重 550~700 g/d,最好能够依据后备母猪的膘情适当限制饲喂量:背膘 14 mm,饲喂 2.8 kg/d;背膘 12 mm,饲喂 2.2 kg/d。

(4)配种前 10~14 d:对于后备母猪而言,卵巢和较大卵泡发育直接影响排卵数,从而影响第一胎的产仔数。后备母猪达到初情并准备配种时,可以使用增加饲料喂量的方法来促进后备母猪发情和增加排卵数,称为催情优饲。具体方法:后备母猪在配种前 10~14 d,将饲喂量增加至 3~3.5 kg 或者从后备母猪第一个发情期开始自由采食。注意催情补饲在后备母猪配种当天开始必须立即把采食量降下来,饲料量减到 1.8~2.2 kg/d,以提高后备母猪受胎率和产仔数。

5.1.3　后备母猪的管理

为使后备母猪发育良好,体质健壮,具有良好的种用价值,必须加强管理。

5.1.3.1　分群饲养

后备母猪宜实行小群饲养,一般每栏饲养 4~6 头,既可提供一定的自由活动空间以保证肢体骨骼和肌肉的正常发育,增加骨密度,保证匀称结实的体型,防止过肥或肢蹄不良,同时还可使母猪互相刺激发情。群饲时,饲养密度要适当,防止饲养密度过高,影响生长发育,易出现咬尾、咬耳恶癖。一般要求每头猪占 3.7 m²,且栏圈结构以正方形为好,保障后备母猪在相互争斗咬架时,便于逃逸。

5.1.3.2　加强光照

光照是影响后备母猪性机能成熟最重要的环境因素之一,充分的光照有利于促进后备母猪性腺发育成熟,使后备母猪初情期提早。但对于后备小母猪而言,不宜过早地增加光照时间和强度,否则易导致性早熟,生产中为保持后备母猪体成熟与性成熟的一致性,一般要求在 140 日龄以前保持光照时间在 10～12 h,光照强度不大于 100 lx;150 日龄以上的后备母猪一般要求每天光照时间最好保持 16 h(自然光照和人工光照),且光照强度在 150～200 lx。因此,在秋末和冬天培育后备母猪,需要每天提供额外的光照,且应将灯安装在大部分光线能照射到猪眼睛的位置(图 5-1);而夏季培育后备小母猪则应考虑采用挂窗帘等途径,减少自然光照时间和强度。

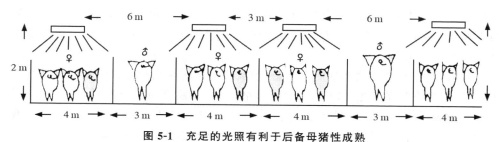

图 5-1　充足的光照有利于后备母猪性成熟

(引自周绪斌等,2015)

5.1.3.3　调教

后备母猪从小要加强调教,尤其是对耳根、腹侧和乳房等敏感部位的触摸,以建立人畜亲和关系,便于以后的管理、疫苗注射。从幼猪阶段开始,利用称量体重、饲喂时进行口令及触摸等亲和训练,严禁打骂,这样猪愿意接近人,便于将来人工授精、接产、哺乳等繁殖过程的操作管理。

5.1.3.4　称重和测膘

后备母猪的体格发育水平应受到高度重视,这是后备母猪进入繁殖群后能否最大程度发挥繁殖潜力的关键。任何品种的猪都有一定的生长发育规律,即不同的月龄具有其相对应的体重范围。通过称重,可知其发育的优劣,适时调整饲料的营养水平及饲喂量,使之达到品种发育的要求。

5.1.3.5　利用公猪诱情

利用公猪诱情能够明显改善后备母猪的初情期和提高配种受胎率,但后备母猪在 140 日龄以前,对于公猪诱情所投入精力可能很少得到回报。后备母猪在150～160 日龄后,预定在配种前 4～6 周,开始应有计划地让其与性欲旺盛的试情公猪接触诱导发情,每天接触 2 次,每次 10～15 min。通常公猪诱情可使 80%～90%的后备母猪在 4～6 周内发情。国外研究表明,不发情(大于 40 d)或发情迟(大于 30 d)的母猪有先天性生产性能低下的倾向,最好的选择是将其剔除淘汰。

5.1.3.6　做好后备母猪的免疫驱虫工作

按进猪日龄,分批次做好驱虫和免疫计划并予以实施。后备母猪配种前,驱体内外寄生虫一次,并进行乙脑、细小病毒、猪瘟、口蹄疫、伪狂犬、蓝耳病等疫苗的注射。

5.1.3.7　做好后备母猪发情记录及情期管理

发育良好的后备母猪一般在150～160日龄就开始有发情的表现,可采用压背法结合外阴检查法来检查其发情情况,每天上、下午各检查一次,应仔细观察并记录后备母猪的初次情日期。做好情期管理对提高后备母猪的培育效果和猪场母猪繁殖成绩具有重要作用。可以帮助管理者掌握每头后备母猪的发情状态,按计划将有初情期的后备母猪转入生产群,及时淘汰超龄没有发情的后备母猪,以降低猪场母猪非生产天数。

通常,对于有过初情期的后备母猪,应及时将其转入配种舍并将发情记录移交配种员,以便在后备母猪220～240日龄,第2～3个发情期及时配种,此时后备母猪的体重为135～145 kg,背膘厚度为18～20 mm较为适宜。对于6月龄以上没有初情或一直有外阴红肿,但就是不表现静立的后备母猪应及时处理。

5.2　空怀母猪的饲养管理

所谓空怀母猪是指配种前2～3周的后备母猪和断乳后待发情配种的经产母猪。后备母猪仍处于生长发育阶段,断乳后经产母猪即将进入下一个生产繁殖周期,都应供给全面平衡的日粮,使之保持适度的膘情,提高受胎率和产仔数。因此,加强空怀母猪饲养管理,确保空怀母猪能正常发情、排卵、受孕,将直接关系到猪场的效益。

5.2.1　空怀母猪的短期优饲

在正常的饲养管理条件下,仔猪断奶时的哺乳母猪有七八成膘,断奶后7～10 d就能发情配种。实践证明,对空怀母猪在配种前进行短期催情优饲,可有效促进空怀母猪的发情和排卵。这是因为短期优饲能刺激胰岛素的产生,高水平胰岛素可提高和激活血液中雌激素与促卵泡激素的水平,为排卵和怀孕做好准备。

经产母猪断乳当天适当减料,断乳第2天开始加料或自由采食。

后备母猪在第2次或第3次发情前10～14 d,供给其尽可能多的饲料,使其体重为120～130 kg,背膘厚度至少16 mm。

5.2.2 空怀母猪的一般管理

空怀母猪有单栏饲养和群养两种方式。工厂化养猪生产中常采用将空怀母猪固定在限位栏内实行单栏饲养,也有规模场将4~6头的空怀母猪养在同一大栏内,以增加自由运动,便于母猪四肢恢复力量,减少疾病。同时大栏群养空怀母猪可促进发情,特别是群内出现发情母猪后,由于爬跨和外激素刺激,可诱导其他空怀母猪发情,也便于管理人员观察和发现发情母猪。

配种员及母猪饲养员每天早、晚两次观察记录空怀母猪的发情状况,以免失配。

为空怀母猪创造干燥、清洁、温湿度适宜、空气新鲜等环境条件,对促进母猪发情排卵、配种受胎有很大的帮助。

5.2.3 发情诊断

母猪性成熟以后,卵巢有规律性地进行着卵泡发育成熟和排卵的周期性变化。在各种外界因素(光照、温度、饲料及公猪)和体内激素的作用下,母猪脑垂体分泌促卵泡素,促使卵巢上较大卵泡迅速发育成熟并分泌雌激素,刺激大脑皮层的性中枢兴奋引起发情(图5-2)。在发情后期,成熟卵泡排出卵子,在排卵窝处产生黄体,它可分泌孕酮,确保排出卵子受精妊娠,并抑制促卵泡素的生成,母猪就不再发情而表现出妊娠,如果母猪没有受孕,黄体在16~17d退化,孕酮减少并逐渐消失,开始下一个性周期(图5-3)。

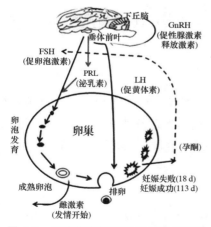

图 5-2 母猪体内繁殖激素作用示意图

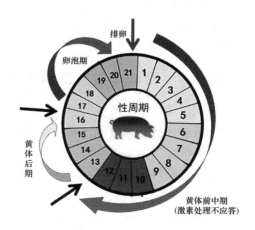

图 5-3 母猪性周期卵巢卵泡发育和黄体变化示意图

我们把这次发情排卵到下次发情排卵的这段时间称为性周期或发情周期。猪的发情期约为 21 d,发情持续期因品种、年龄的差异而有所不同,最长的可达 7 d,最短的只有半天,平均 5 d 左右。一个发情周期大致分为 4 个阶段,即发情前期、发情期、发情后期、休情期。

5.2.3.1 发情前期

这是性周期的开始阶段。此阶段母猪卵巢中的卵泡加速生长,生殖腺体活动加强,分泌物增加,生殖道上皮细胞增生,外阴部肿胀且阴道黏膜由浅红变深红,出现神经症状,如东张西望,早起晚睡,在圈里不安地走来走去,食欲下降。但不接受公猪爬跨。

5.2.3.2 发情中期

这是性周期的高潮阶段。发情前期所表现的各种变化更为明显。卵巢中卵泡成熟并排卵。生殖道活动加强,分泌物增加,子宫颈松弛,外阴部肿胀到高峰,充血发红,阴道黏膜颜色呈深红色。追找公猪,精神发呆,站立不动,接受公猪爬跨并允许交配。

5.2.3.3 发情后期

排出的卵细胞未受精,进入发情后期阶段。此时期母猪性欲减退,有时仍走动不安,爬跨其他母猪,但拒绝公猪爬跨和交配,阴户开始紧缩,用手触摸其背部有回避反应。

5.2.3.4 休情期

继发情之后,性器官的生理活动处于相对静止期,黄体逐渐萎缩,新的卵泡开始发育,逐步过渡到下一个性周期。

5.2.4 促进母猪发情的方法

为了使母猪同期发情配种,提高母猪年产仔窝数,就需要促进母猪提早发情。有的母猪在仔猪断奶后 10 d 仍不发情,除改善饲养管理条件外,还应采取措施控制发情。控制母猪正常发情的方法主要有公猪诱导、合群并圈、按摩乳房,并窝,并需要注射激素催情。

5.2.4.1 公猪诱导

经常用试情公猪去追爬不发情的空怀母猪,通过公猪分泌的外激素气味和接触刺激,以及神经反射的作用,引起脑下垂体分泌促卵泡素,促使母猪发情排卵。此法简便易行,是一种有效方法。另一种简便有效的方法是,播放公猪求偶声录音磁带,利用条件反射作用试情,连日试情,这种生物模拟的作用效果也很好。

5.2.4.2　合群并圈

把不发情的空怀母猪合并到有发情母猪的圈内饲养,通过爬跨等刺激,促进空怀母猪发情排卵。

5.2.4.3　按摩乳房

对不发情的母猪,可采用按摩乳房促进发情。方法:每天早晨喂食后,用手掌按摩每个乳房表层,共 10 min 左右,经过几天母猪有了发情症状后,再每天进行表层及深层按摩各 5 min。配种当天深层按摩约 10 min。表层按摩的作用是加强脑垂体前叶机能,使卵泡成熟,促进发情。深层按摩是用指尖端放在乳房周围的皮肤上,不要触到乳头,做圆周运动,按摩乳腺层,依次按摩每个乳房,主要是加强垂体作用,促使分泌黄体生成素,促进排卵。

5.2.4.4　并窝

把产仔少和泌乳力差的母猪所生的仔猪待吃完初乳后全部寄养给同期产仔的其他母猪哺育,这样母猪可提前回奶,提早发情配种,增加产次和年产仔数。

5.2.4.5　激素催情

给不发情的母猪按每 10 kg 体重注射人绒毛膜促性腺激素(hCG)100 IU 或孕马血清促性腺激素(PMSG)1 mL(每头肌内注射 800～1 000 IU),有促进母猪发情排卵的效果。

5.2.4.6　限饲或加料

对膘情太差的母猪可以适当增加饲料喂量,而对太肥胖的母猪要加强运动和减少饲料喂量,其至停料停水 1 d 促进发情。

5.2.5　适时配种

发育成熟的卵子从卵巢排出,在通过输卵管膨大部并保持受精能力的时间为 8～10 h,最长可达 15 h 左右。如果卵子在没有受精的情况下,则继续沿输卵管向子宫角移行,卵子会逐渐衰老并被输卵管分泌物所包裹,结果阻碍精子进入而失去受精能力。

通常精子在母猪生殖道内的存活时间,最长为 42 h,但精子具有受精能力的时间仅 25～30 h,精子在母猪生殖道内经过 2～4 h 的"获能"后才具有受精能力。由于精子获能后,具有受精能力的时间比卵子具有受精能力的时间长得多。所以,一般要求在母猪排卵高峰前数小时配种或输精,即在母猪排卵前 2～3 h 或发情开始后的 24～36 h 开始配种或输精,使精子等待卵子的到来。

因为不同品种、年龄及个体排卵时间有差异,所以,在确定配种时间时,应灵活掌握。

从品种来看,我国地方猪种发情持续期较短,排卵较早,可在发情的第 2 天配种;引入品种发情持续较长,排卵较晚,可在发情的第 3～4 天配种;杂种猪可在发情后第 2 天下午或第 3 天配种。

从年龄来看,青年母猪发情早期的发情症状比较强烈,但卵子排出时间相对滞后,因此,按种猪的发情排卵规律,采用"小配晚,老配早,不老不少配中间"的配种方法。

从发情表现来看,母猪精神状态从不安到发呆(手按压腰臀部不动),阴户由红肿到淡白有皱褶,黏液由水样变黏稠时,表示已达到适配期。当阴户黏膜干燥,拒绝配种时,表示适配时间已过。

目前,最好采取一个发情期内配种或输精两次的办法,这样可使母猪在排卵期间,总会有精力旺盛的精子在受精部位等候卵子的到来。一个发情期内的两次配种或输精的准确时间,因猪的品种类型、年龄和饲养管理条件不同而稍有变化。一般认为,发情母猪在接受公猪爬跨后 8～12 h 第一次配种,隔 12 h 进行第二次配种,受胎率和产仔成绩都比较好。

5.2.6　配种方法

配种方法有自由交配(或本交)和人工授精两种。

5.2.6.1　自由交配

交配场应选择离公猪舍较远、安静而平坦的地方,交配应在公、母猪饲喂前或食后 2 h 进行。配种时,先把母猪赶入交配地点,然后赶入指定的与配公猪。

与配的公、母猪,体格最好大小相仿,如公猪比母猪个体小,配种时应选择斜坡的地势,让公猪站在高处;如公猪比母猪个体大,可让公猪站在低处。若公猪体格很大,要防止母猪因公猪爬跨而发生骨折的危险。

天气不好时要在室内交配,夏天在早、晚凉爽时交配,母猪配种后切忌立即下水洗澡或卧在阴湿的地方。

5.2.6.2　人工授精

猪人工授精技术自 1978 年开始在我国推广以来,随着现代规模化养猪生产的发展,已基本达到普及。人工授精技术,不仅可提高猪群品质,而且可以减少劳动力和饲料,提高经济效益。人工授精有许多优点:①可提高优秀公猪的利用效率;②减少公猪的饲养头数;③可克服公、母猪体格大小悬殊时进行自然交配的困难;④避免疾病的传播;⑤可解决多次配种所需要的精液。

另外,定时授精技术也是规模化猪场实施批次生产的核心技术,有利于猪场对繁殖母猪实现高效管理,有利于全进全出的现代化养猪生产体系的建立。

5.3 妊娠母猪的饲养管理

妊娠期母猪饲养管理的目的:保证胎儿在母体内得到正常发育,防止流产;每窝都能生产大量健壮、生命力强、初生重大的仔猪;保持母猪有中上等体况。

5.3.1 妊娠诊断

母猪的妊娠诊断是猪群繁殖工作中的一项重要技术措施。妊娠诊断的方法主要有外表观察法、超声波诊断法、尿中雌激素化学诊断法、注射激素诊断法等。

5.3.1.1 外表观察法

通常母猪配种后,经过一个发情周期(18~25 d)未表现发情或至 6 周后再观察一次,仍无发情表现,即可认为已经妊娠。其外部表现为:贪睡不想动,性情温顺,动作稳重,食量增加、上膘快,眼睛有神,皮毛光亮、紧贴身,尾巴下垂很自然,阴户缩成一条线。所以,配种后观察是否重新发情,已成为判断妊娠最简易、最常用的方法。但是,配种后不再发情的母猪并不一定都已妊娠,有的母猪发情有延迟现象;有的母猪卵子受精后,胚胎在发育中早期死亡或被吸收而造成长期不再发情。所以,根据配种后是否发情来判断妊娠,会有误差。

5.3.1.2 超声波诊断法

利用超声波妊娠诊断仪,在配种后 25~30 d 的母猪腹部(右侧倒数第二个乳头)进行测定,判断母猪是否妊娠(图 5-4)。这种方法确定母猪是否妊娠的准确率为 98% 以上,而且还可以根据胎儿心跳的感应信号,确定胎儿的数目。此法无伤痛,可重复使用,缺点是一次性投入较高。

5.3.1.3 尿中雌激素化学诊断法

母猪配种 10 d 后,取尿液 10 mL,加入 5% 碘酊 1 mL,摇匀加热煮开后,如尿液从上至下呈现红色,表示该母猪已妊娠;如果尿液是浅黄色或褐绿色,冷却后其颜色又很快消失,表示该母猪没有妊娠。此法准确率可达 95%。

5.3.1.4 注射激素诊断法

在母猪配种或授精后 16~17 d,耳根皮下注射 3~5 mL 人工合成雌激素,注射后出现发情症状的是空怀母猪,5 d 内不发情的则为妊娠母猪。采用此法,时间必须准确,因为注射时间太早,会打乱未孕母猪的发情周期,延长黄体寿命,造成长期不发情。

妊娠诊断在母猪配种后一定时间内进行,对于规模化养猪场,必须做好配种或输精及繁殖情况的原始资料记录、保存和整理工作，能够及时准确地对配种母猪进行早期妊娠诊断，对提高饲养母猪的经济效益具有一定意义。

5.3.2　胚胎的生长发育

受精卵运行到母猪子宫后，经历胚胎着床、胎儿发育直至母猪分娩仔猪产出，大约需要 114 d 的妊娠期，随母猪妊娠日龄的增加，胎儿生长发育加快，如果每头仔猪的初生重按 1 400 g 计算，在妊娠的后 34 d 里，每个胎儿增重为 1 000 g，占初生胎儿体重的 71% 以上，是前 80 d 每个胎儿总重量的 2.5 倍。由此可见，妊娠最后 34 d 是胎儿体重增加的关键时期（表 5-1）。所以加强母猪妊娠后期的饲养管理，是保证胎儿生长发育的关键。

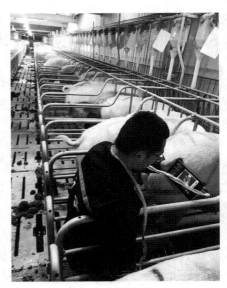

图 5-4　B 超孕检
（宁波第二激素厂供图）

表 5-1　猪胎儿的发育变化

胎龄/d	胎重/g	占初生重/%
30	2.0	0.15
40	13.0	0.90
50	40.0	3.00
60	110.0	8.00
70	263.0	19.00
80	400.0	29.00
90	550.0	39.00
100	1 060.0	76.00
110	1 150.0	82.00
出生	1 300～1 500	100.00

引自：韩俊文（1999）。

母猪每个发情期排出的卵子数为 20～30 个，除 5% 的卵子不能受精外，还有 30%～40% 的受精卵或胚胎在母猪妊娠过程中受遗传、排卵数与子宫容积、子宫感染、激素、温度等若干因素的影响而导致死亡（图 5-5），因此，一般母猪群所排出的

卵子,大约只有一半能在分娩时成为活的仔猪,最终母猪每窝能够产出仔猪为
10～15头。

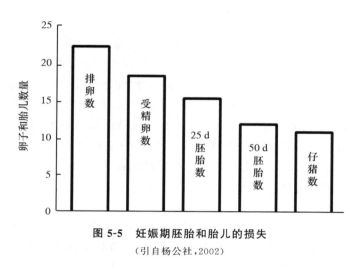

图 5-5 妊娠期胚胎和胎儿的损失

(引自杨公社,2002)

胚胎会经历3个死亡高峰期。

第一高峰时期(妊娠9～13 d):受精的合子在附植初期易受各种因素的影响而
死亡,虽然大量产前损失出现于发育早期。

第二高峰时期(妊娠20～30 d):在器官分化和形成期,即妊娠后大约第3周,
还有一个第二次较小高峰。这两次高峰胚胎死亡共占合子的30%～40%。

第三高峰时期(妊娠60～70 d):在妊娠后60～70 d,胎盘停止生长,而胎儿迅
速生长时,可能由于胎盘不健全,循环失常,影响营养通过胎盘,不足以支持胎儿发
育,以致死亡。据分娩时的活仔猪数来看,此期减少15%。

尽管影响胎儿死亡有许多因素,但通过科学的饲养管理,可以把胚胎损失降到
最低限度。如在夏季妊娠的前3周应保持凉爽,可有效降低胚胎死亡数。因此,保
持猪舍温度16～22 ℃,相对湿度70%～80%为宜,以保证胎儿正常发育。

5.3.3 妊娠母猪的饲养

妊娠母猪饲养是养猪生产的重要环节之一,在母猪妊娠过程中,母猪体内产生
的激素(如垂体前叶分泌的生长激素)可以提高母猪对蛋白质的合成,促进母体生
长发育(指青年母猪)。胎儿生长发育所需要的营养均由母体供给。在胎儿生长发
育迅速时期,若母猪摄入的营养不足,就会消耗母体本身的营养物质,使母体消瘦
和影响其健康,或者引起流产;相反,倘若母猪摄入营养过多或母体过肥,其体内尤
其是在子宫周围沉积脂肪过多,就会阻碍胎儿的生长发育,造成产出弱仔猪或死

胎。由此可见,应根据妊娠母猪的生理特点和营养需要,必须供给充足且营养全面的饲料,以保证胎儿的正常发育,提高其初生重和存活率。

5.3.3.1 妊娠母猪的营养需要

母猪妊娠后新陈代谢旺盛,对饲料的利用率提高、蛋白质的合成及脂肪沉积增强,特别容易肥胖。在饲喂等量的饲料情况下,妊娠母猪比空怀母猪不仅可以生产一窝仔猪,还可以增加体重。这种生理现象称为"妊娠合成代谢"。这种合成代谢增加了妊娠母猪对营养物质的储备和沉积量,为妊娠后期胎儿的快速生长发育及分娩后泌乳奠定了物质基础。一般情况下妊娠母猪的体重(包括胎儿、羊水)会随着妊娠期的延长而增加,初产母猪体重的增加量为配种时体重的 $30\%\sim40\%$,经产母猪则为 $20\%\sim30\%$。因此,应按饲养标准供给合适的饲料营养水平和饲喂量,保持妊娠母猪具有良好而适应的膘情。

1. 能量需要

在妊娠母猪营养供给上,如能量来源是以大豆油(而不是糖类)为主可以提供理想亚油酸,降低胰岛素活性,促进孕酮活性,起到维持妊娠和保胎护胎作用。此外,妊娠早期高能量饲料可导致胚胎死亡,妊娠后期低能量饲料会降低仔猪初生体重。因此,在母猪妊娠阶应采前期较低的能量、后期较高能量的饲喂,以保证妊娠早期的胚胎着床和成活率,又有较高的初生体重。一般妊娠母猪饲料中能量水平:前期 12.89 kJ/kg,后期 13.60 kJ/kg。

2. 蛋白质需要

蛋白质是胎儿与母猪本身生长发育最重要的营养成分,也是为产后哺乳进行储备的重要营养成分。粗蛋白质含量,尤其是必需氨基酸充足,不仅母猪产仔多,仔猪初生体重大,还可以减少死胎、弱胎、畸形胎。一般饲料中应有 $14\%\sim16\%$ 的粗蛋白质含量。

3. 维生素需要

维生素是保证母猪健康和促进胎儿生长发育所必需的营养物质。妊娠母猪饲料应含有充足的维生素 A、维生素 D、维生素 E、叶酸等。常用猪用复合多种维生素来添加,在青绿饲料丰富的地区和季节,可饲喂适量青绿饲料,补充多种维生素。

4. 矿物质需要

饲料中钙和磷不足,母猪易发生不孕和流产,母猪产后发生泌乳量低、产后瘫痪等症状,初生仔猪生活力差,发病率和死亡率高;缺锰会发生胚胎被吸收与死亡,以及母猪卵巢受损害;母猪缺锌可导致产仔数减少,仔猪初生体重小;缺硒会发生胚胎死亡,母猪产弱仔,仔猪出生后生活力弱,以及断奶后的成活率降低;缺碘会发生胚胎死亡,母猪流产,胎衣不下;缺铁、铜、钴会使新生仔猪贫血、体弱等。因此,母猪在妊娠期间必须供给足够的常量元素与微量元素,提高母猪的繁殖力与泌乳力。

5. 纤维素需要

粗纤维在大肠内发酵产生的挥发性脂肪酸(VFA)主要是丁酸,是结肠上皮细胞生长的主要能源;同时 VFA 可促进小肠内指状绒毛的生长和发育。适宜的纤维水平对于增加饱感和采食量,保持妊娠母猪体况,降低后肠内容物的 pH,维持母猪肠道微生态平衡和肠胃正常蠕动,减少稀粪和便秘发生等具有重要意义。对于妊娠母猪而言,适宜的粗纤维水平能够提高早期胚胎的存活率和降低母猪分娩应激,因此,在妊娠母猪饲粮中应保持适量(一般为 6%)的粗纤维含量,有利于提高母猪的繁殖性能。

5.3.3.2　妊娠母猪的饲喂技术

1. 饲养方式

在现代养猪生产中,母猪饲养的总体原则是低妊娠高泌乳,即在母猪的妊娠期适量饲喂,供给妊娠母猪的营养物质,除保证胎儿的正常发育及母猪本身的需要外,还应适当增加母体重量;而哺乳期充分饲喂,以提高母猪泌乳量和仔猪体增重。如果妊娠期内营养水平过高,母猪增重过多,这不仅造成饲料浪费,还可导致母猪妊娠期过于肥胖造成难产,产后易出现食欲不振、乳量少等不良后果。此外,有研究表明,当母猪背膘厚≥23 mm 时,胎盘组织中脂质过度沉积,可导致胎盘产生慢性炎症,提高了胎盘的氧化应激水平,从而阻碍胎盘的血管发育,导致弱仔的产生,使初生仔猪的初生重不均匀,弱仔率明显提高。

2. 饲料喂量

在整个妊娠期间,母猪应该处于一种限饲状态。通常采用妊娠前期(从配种到妊娠 80 d)喂量少,根据妊娠母猪的实际情况慢慢增加采食量,日喂料量 2.0～2.5 kg,妊娠后期(从妊娠 80 d 到产仔前 3 d)饲喂量多,日喂料量 3.0～3.5 kg。实际生产中,妊娠母猪的饲料喂量还应依据繁殖母猪的品种、胎次、生产水平及环境条件等进行适当调整,如表 5-2 显示了胎次对妊娠母猪早期饲喂量的差别。

在现代高产母猪精细化饲养过程中,依据母猪的繁殖生理及胎儿在母体内发育变化,通常将妊娠母猪划分为多个阶段进行饲养,应注重每个阶段营养与饲料供给策略。

(1)妊娠早期(0～30 d):采用低纤维、高亚油酸(大豆油)日粮以及减少配种后前 3 周母猪采食量,可降低母体内胰岛素的水平,刺激孕酮的分泌(这两种激素为正相反),增加母体子宫特异蛋白的分泌,促进胚胎在子宫的附植和发育,从而有效减少胚胎早期死亡,增加产仔数。表 5-3 表明,配种后早期高水平饲喂妊娠母猪导致孕酮水平下降,胚胎成活率降低,因此,配种后前 3 周需降低母猪日采食量,每天供给妊娠母猪料不能超过 2 kg。但对于膘情较差的母猪,空怀期和妊娠初期(从配种到 21 d)与妊娠后期饲喂同样多的饲料,目的是让断奶母猪尽快恢复体况,保证及时发情排卵和胚胎的正常发育。

（2）妊娠中期（31～85 d）：根据妊娠母猪的膘情适量饲喂含高纤维日粮，增加母猪饱腹感，调节肠道微生物菌群和维护肠道健康，减少便秘发生等。

（3）妊娠后期（85～110 d）：提供高营养水平的饲料或提高采食量，以满足胎儿快速生长发育所需的营养，提高仔猪的初生重。

（4）分娩前 3 d：适当减料，有利于提高胎儿成活率和泌乳期母猪采食量。还可以让体储营养提前被活化，增强哺乳期母猪动员体能储备的能力。但有很多猪场产前提前 5～6 d 就开始减料，这种做法是在提前消耗母猪的营养储备，导致母猪产后泌乳力下降，断奶至发情的间隔延长。

表 5-2　妊娠母猪的饲喂量　　　　　　　　　　　　　　　　　　　kg/d

	断奶至配种	0～30 d	30～85 d	85～110 d	111 d 至分娩
1 胎	2.5～3.0	2.0～2.2	2.2～2.5	3.0～3.5	1.5～1.8
2 胎以上	4.0～4.5	1.8～2.0			

引自：陈瑶生（2013）。

表 5-3　配种后早期饲喂水平对胚胎死亡率的影响

采食量 （维持需要的倍数）	第 3 天孕酮水平 /（ng/mL）	28 d 胚胎成活率 /%
1.5	10.5	86
2.0	4.5	67

引自：Jinsal et al.（1996）。

3. 分胎次饲养

妊娠母猪的分胎次饲养是指将第 1 胎与第 2 胎以上母猪分群饲养。这是由于第 1 胎的青年母猪体格和免疫系统均没有完全发育成熟，与成年母猪相比，第 1 胎母猪对营养物质需求量和在体内沉积量均存在较大差异，如表 5-4 显示了随着母猪胎次的增加，母猪微量元素营养储备呈下降趋势。因此，将头胎母猪与第 2 胎以上母猪进行分开饲喂，将有利于提高头胎母猪及其终生的繁殖成绩，延长其繁殖使用年限。

表 5-4　不同胎次妊娠母猪微量元素摄入量的变化　　　　　　　　　　　g

第 1 胎	第 2 胎	第 4 胎	第 6 胎	第 8 胎	第 10 胎
39.2	26.8	19.5	16.3	15.0	14.2

引自：Boyd（2003）。

4. 注意事项

(1)妊娠母猪的饲料应按饲养标准配制。原料的选择要多样化,同时要适合母猪的需要,价格要低廉。

(2)妊娠母猪饲料必须是蓬松的(容积大,含粗纤维高),含有大量纤维有助于肠道蠕动,特别是在分娩前,这有助于减少便秘以及子宫炎、乳房炎、无乳症的发生。有条件的猪场给母猪补充适量的优质青绿饲料,对其繁殖性能具有良好作用。

(3)依据妊娠母猪的膘情状况,前期注意看膘投料,后期要适当增加饲喂次数,减少每次的饲喂量。以防过肥,保持适中体况,提高胎儿的成活率和初生重。

(4)严禁饲喂发霉、腐败、变质、冰冻、带有毒性和强烈刺激气味的饲料,也不能大量饲喂酒糟、棉籽饼,否则易引起妊娠母猪流产。如妊娠期饲喂鲜酒糟会导致死胎、产瞎眼仔猪等不良后果。

5.3.4 妊娠母猪的管理

5.3.4.1 做好防暑降温

妊娠期间,尤其是妊娠前期正是受精卵着床定植期,气温过高会造成胚胎死亡,应严禁舍内高温导致热应激,从而影响产仔数,妊娠猪舍的适宜温度在15~20 ℃。

5.3.4.2 早期群饲,后期改为单栏饲养

妊娠前期小群饲养,妊娠后期(90 d后)宜采用单栏饲养。有条件的妊娠母猪最好采用群养单饲的方式饲养,即母猪配种后,将预产期相近、体型大小相似的母猪3~5头编在一个妊娠舍内,猪舍中设置单饲栏,做到群养单饲,母猪休息在一起,吃食各进各的栏,按需分配给料,防止采食不均(图5-6)。既保证了弱猪迅速复膘,又限制了强者增重过快,控制营养和膘情适宜。

5.3.4.3 保持妊娠母猪舍要安静和
干燥卫生

配种后母猪尽快转入比较安静的妊娠母猪舍(远离嘈杂的发情和自由采食的哺乳母猪舍),使它们安静下来并感到舒适,尽量少受应激的刺激,使尽可能多的受精卵顺利着床。在妊娠期间,尽量不要随意拆群组群,防止相互斗架、潮湿、结冰、打滑等造成母猪流产。

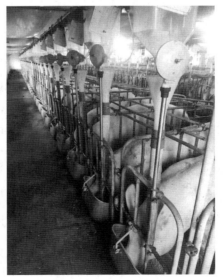

图5-6 定位栏饲养
(宁波第二激素厂供图)

5.3.4.4 适当运动

在母猪妊娠中后期适量运动,有利于增强妊娠猪的体质,避免难产,每天运动1 h,行程 1~2 km。运动时应避免互相追赶和挤撞,在妊娠后期采用单栏饲喂有利于保胎作用(图 5-7 和图 5-8)。

图 5-7　妊娠中期运动有利于健康　　　　图 5-8　妊娠后期单栏饲养有利于保胎
(引自代广军,2010)　　　　　　　　　　(引自代广军,2010)

5.3.4.5 对妊娠母猪态度要温和

经常刷拭、抚摸,有利于建立人猪的亲和关系,保持猪体清洁,以便于将来的接产。

5.3.4.6 每天都要观察母猪吃料、饮水、粪尿和精神状态

做到防病治病,特别要注意体内外的寄生虫病,以防传染给仔猪。同时,要防止药物(如地塞米松、注射疫苗等)导致的流产。

5.3.4.7 正确处理配种后的返情母猪

因配种过早或过迟等,常导致母猪 5%~15% 的返情率,属正常情况。若返情率超过 20%,则属异常情况,自然返情的母猪,一般到下一个情期可正常发情,不用特别处理;但因疾病引起返情的母猪,要及时治疗或淘汰。

5.4　哺乳母猪的饲养管理

5.4.1　母猪的分娩与接产

母猪分娩产仔是养猪生产中最重要的生产环节,要尽力保证母猪安全产仔,仔猪成活、健壮。因此,要推算预产期,做好产前准备,进行临产诊断和安全接产等工作。

5.4.1.1　推算预产期

母猪配种时要详细记录配种和与配公猪的品种及号码。一旦确定妊娠,就要推算出预产日期,用小木板写成母猪"预产牌"挂在母猪圈门口,以便于饲养管理和做好接产工作。母猪的预产期的推算方法:在配种的日期上加3个月、3周零3 d;或在配种的月份上加4,在配种的日期上减6。例如一头母猪在6月10日配种,其预产期则为10月4日。

5.4.1.2　产前的准备工作

在母猪产前5～10 d,就应准备好产房。产房要求清洁卫生,干燥(相对湿度最好保持在65％～75％),保温(产房内温度为22～23 ℃),空气新鲜。在寒冷地区,冬季和早春要做好防风保暖工作,以提高仔猪成活率。

产房在进猪前要彻底消毒,可用3％氢氧化钠溶液或2％～5％来苏儿等消毒药进行喷洒,有条件的猪场最好采用熏蒸消毒。为使母猪习惯于新环境,应在产仔前1周将母猪赶入产房。上床前应给母猪沐浴消毒,以保证产床的清洁卫生,减少仔猪疾病。

产前应准备好分娩用具和药品,如高锰酸钾、碘酒、干净毛巾、照明灯、耳号钳及称仔猪用的秤等。另外,冬季还应准备仔猪保温箱、红外线灯或电热板等。

二维码 5-2　母猪待产前的消毒工作

5.4.1.3　临产诊断

1. 乳房的变化

母猪产前15～20 d,乳房开始由后部向前部逐渐下垂膨大,其基部在腹部隆起,呈两条带状,乳房皮肤发紧而红亮,两排乳头八字形向外侧张开。产前2～3 d,可挤出清亮乳汁,手挤压母猪的乳头,如果前边1～2对乳头能够挤出奶水时,24 h之内就可产仔;中间1～2对乳头有奶水时,10 h左右产仔;后面2～3对乳头可挤出黏稠、黄白色乳汁时,1～2 h产仔;也有个别母猪产后才分泌乳汁。当母猪躺卧阵缩,并有羊水流出时,证明马上就要产仔。

2. 外阴部的变化

母猪临产前3～5 d,外阴部开始红肿下垂,尾根两侧出现凹陷,是骨盆开张的标志,排泄粪尿的次数增加。

3. 呼吸次数增加

产前1 d每分钟呼吸54次,产前4 h每分钟呼吸90次。子宫有节律性收缩,以每15 min左右周期性地阵发性收缩,每次持续约20 s,随着时间的推移,收缩频率、强度和持续时间增加,一直到每隔几分钟重复收缩。这时,任何一种异常的刺激都会造成分娩抑制,从而延缓或阻碍分娩。

4. 行为表现

临产母猪精神敏感,行动不安,起卧不定,吃食不好。部分有衔草做窝现象,护仔性强的母猪变得性情粗暴,不让人接近,给人工接产造成困难。

5.4.1.4 母猪分娩接产技术

保持环境安静对母猪正常分娩是重要的,因而要求在整个接产过程中保持安静环境,且动作要迅速、准确。一般正常分娩间歇时间为 5～25 min 产出一头仔猪,分娩持续时间为 2～4 h,在仔猪全部都产出后隔 10～30 min 排出胎衣(表 5-5)。

表 5-5 母猪分娩指导表

指标	标准	备注
宫缩～产出第 1 头仔猪	2 h	
第 1 头仔猪～第 2 头仔猪	1.5 h	超过 1.5 h,须助产
第 1 头仔猪～最后 1 头仔猪	3 h(1～8 h)	
不同仔猪之间间隔	15 min	超过 1 h,须助产
胎衣	分娩后 4 h(1～12 h)	也可能出现在产仔之间

引自:马永喜(2012)。

1. 擦黏液

仔猪产出后,接产人员应立即用洁净的毛巾擦去其口鼻中的黏液,使仔猪尽快用肺呼吸,然后再擦干全身。

2. 保温

出生仔猪需要的环境温度一般为 30～33 ℃,因此,在春、秋季节,尤其是冬季出生的仔猪,由于环境温度偏低,还应立即将刚出生的仔猪放入保温箱进行保温(图 5-9)。

图 5-9 产房的清洁与保温

3.断脐

当仔猪脐带停止波动时,即可进行断脐:将脐带内的血液向仔猪腹部方向挤压,然后在距腹部5～6 cm处剪断。断面用5%碘酒消毒。若断脐时流血过多,可用手指捏住断头,进行按压止血,直到不出血为止。

二维码5-3　仔猪接产操作

4.给仔猪编号称重

编号便于记载和鉴定,尤其是对于种猪具有重要意义,有利于记载各个种猪的来源,了解发育和生产性能。称重并登记分娩卡。编号的方法主要有剪耳法、牌号法、刺印法等几种。剪耳法是:用剪耳号的专用钳子,在左右耳的特定部位剪上缺口或圆孔,以代表一定的数字,把所有的数字相加,就是这头猪的号码。以猪的左右耳而言,一般多采用左大右小、上1下3、公单母双(公仔猪单号、母仔猪打双号),或公母猪统一连续排列的方法。即仔猪右耳,上部一个缺口代表1,下部一个缺口代表3,耳尖缺口代表100,耳中圆孔代表400。左耳,上部一个缺口代表10,下部一个缺口代表30,耳尖缺口代表200,耳中圆孔计800。

5.早吃初乳

处理完上述工作后,立即将仔猪送到母猪身边吃奶,有个别仔猪出生后不会吃奶,需要进行人工辅助。如果在寒冷季节,圈舍还要有取暖设施,否则仔猪会因受冻而不张嘴吃奶。

6.假死仔猪的急救

有的仔猪出生后全身发软,张嘴喘气,甚至不呼吸,但脐带基部和心脏仍在跳动,这样的仔猪即为假死仔猪。抢救的办法有以下3种。

(1)屈体运动:用两手分别托住仔猪的头部和臀部,腹部向上,一屈一伸,直到仔猪叫出声来。如果能在38～39 ℃温水中做人工呼吸,效果更好,但应注意仔猪的头和脐带断头端不能放入水中,等仔猪呼气后立即擦干皮肤,给予保温并尽早哺乳。

(2)酒精刺激法:鼻部涂酒精等刺激物或针刺的方法来急救。

(3)拍打法:将仔猪倒提起来,用手轻轻拍打仔猪的胸部,使其喷出气管内的黏液,恢复呼吸。

7.难产处理

母猪一般不易发生难产,但是如果出现长时间剧烈阵痛,仔猪却仍产不出来,这时若母猪出现呼吸困难,心跳加快,这就是发生了难产,应实行人工助产。助产方法一般采用注射人工合成催产素法,用量按每50 kg体重1 mL,注射后20～

30 min 一般可产出仔猪。甚至采用手术掏出法。在进行手术时,应剪磨指甲,用肥皂、来苏儿洗净,消毒手臂,涂润滑剂,沿着母猪努责间歇时慢慢伸入产道,伸入时手心朝上,摸到仔猪后随母猪努责慢慢将仔猪拉出,掏出一头仔猪后,如转为正常分娩,就不再继续掏仔。手术后,母猪应注射抗生素或其他消炎药物,以防感染。

5.4.2 母猪的泌乳规律

母乳是仔猪生后 20 d 内的主要营养物质。因此,母猪泌乳的数量与质量对仔猪的育成率和生长发育起着很大的作用。饲养泌乳母猪的目标是:提高泌乳量;控制母猪减重,以便在仔猪断奶后能正常发情、排卵,并延长利用年限。掌握母猪的泌乳规律,了解影响泌乳量的因素,是加强泌乳母猪饲养和管理的基础。

5.4.2.1 母猪乳腺结构

母猪乳腺的构造和特性与其他家畜不同,每个乳头有 2～3 个乳腺团,各乳头间互相独立,自成一个功能单位,母猪的乳房没有乳池,不能随时排乳,仔猪也就不可能在任何时间都能吃到母乳。

5.4.2.2 泌乳次数与泌乳间隔时间

母猪的泌乳次数与猪的品种、泌乳期的长短等因素有关。泌乳次数随着产后天数的增加而减少(表 5-6),一般产后 10～30 d 泌乳次数较多;但不同品种比较,往往是泌乳量较低的品种泌乳次数较少。

表 5-6　哺乳期母猪泌乳次数与时间间隔

项目	日龄								
	1	2	3	10	17	24	31	38	45
观察窝数	2	2	2	5	5	5	5	5	5
哺乳次数	57.5	34.5	42.5	33.5	34.5	28.0	31.0	29.0	24.0
间隔时间/s	25.0	41.7	33.9	40.6	41.7	51.4	46.5	49.7	60.0

引自:韩俊文(1999)。

分娩后最初 2～3 d 母猪乳汁的分泌是连续的,此后,仔猪吸乳刺激母猪乳腺而分泌放乳,不放乳时乳房内没有乳汁。母猪每次放乳时间很短,为 10～20 s。

5.4.2.3 母猪泌乳量

母猪泌乳量受品种、泌乳阶段、胎龄、乳头位置、窝仔猪数、哺乳期的饲养管理等因素影响。

1. 品种

不同品种母猪泌乳量是不同的,表 5-7 表明长白母猪泌乳量最高,平均为

10.31 kg/d,约克夏母猪平均为 9.27 kg/d。一般认为,国外引进的杜洛克母猪泌乳量最低;我国培育的品种哈白猪平均为 5.74 kg/d。

表 5-7 母猪各阶段日泌乳量 kg

	产后天数							
	10	20	30	40	50	60	平均	全期
民猪	5.78	6.65	7.74	6.31	4.54	2.72	5.65	339.00
约克夏猪	11.20	11.40	14.30	8.10	5.30	4.10	9.27	557.40
长白猪	9.60	13.33	14.55	12.34	6.55	4.56	10.31	618.60

引自:韩俊文(1999)。

2. 泌乳期

在母猪一个泌乳期内随着泌乳天数变化,母猪日泌乳量从产后 4~5 d 开始上升,直至产后 20 d 左右达泌乳高峰,泌乳高峰维持 10 余天后,随泌乳天数延长而呈逐渐下降。如长白母猪在泌乳高峰期产乳量高达 13.33~14.55 kg/d。

3. 胎龄

同一头母猪在不同胎龄的泌乳总量变化:头胎母猪泌乳量最低,第 2~3 胎上升,第 4~6 胎维持高峰,第 7~8 胎后母猪的泌乳能力逐渐下降。

4. 乳头位置

母猪的乳头位置对泌乳量的影响:由于母猪不同乳头是不相通的,母猪不同位置乳头的泌乳量和品质是不相同的,一般靠近前胸部的几对乳头泌乳量较后边的高(表 5-8)。前 3 对乳头的泌乳量多,约占总泌乳量的 67%,而后 4 对乳头泌乳量较少,约占总泌乳量的 33%。

表 5-8 母猪不同对乳头的泌乳量

乳头次序	1	2	3	4	5	6	7
占总泌乳量/%	23	24	20	11	9	9	4

引自:韩俊文(1999)。

5. 带仔数

母猪带仔数量与泌乳量关系密切(表 5-9)。仔猪有固定乳头吸乳的习性,必须通过仔猪拱揉乳头刺激母猪,其垂体后叶分泌促乳素才能使母猪放乳。而未被拱揉吮吸的乳头,分娩后不久便萎缩,不产生乳,使总泌乳量减少,所以带仔数多的母猪泌乳总量较多。

表 5-9　窝仔猪数对母猪泌乳量的影响

一窝仔猪数/头	母猪的泌乳量/(kg/d)	仔猪的吸乳量/[(kg/(d·头)]
6	5～6	1.0
8	6～7	0.9
10	7～8	0.8
12	8～9	0.7

引自:韩俊文(1999)。

  6. 饲养管理的影响

  哺乳母猪饲料的营养水平、饲喂量、环境条件、管理措施均影响泌乳量。所以,给予哺乳母猪提供充足而全价的营养、良好而适度的环境条件,才能充分发挥泌乳潜力。

5.4.2.4　猪乳的成分

  猪乳可分为初乳和常乳。通常认为母猪产后 3 d 所分泌的乳汁称为初乳,3 d 以后的乳汁称为常乳。初乳和常乳的成分不相同。由表 5-10 可以看出,同一头母猪初乳和常乳的成分相比,初乳中的干物质为常乳的 1.5 倍,蛋白质含量为常乳的 3.7 倍,而乳脂、乳糖、灰分含量却较常乳低。

表 5-10　猪初乳和常乳成分比较

品种	类别	水分/%	干物质/%	蛋白质/%	脂肪/%	乳糖/%	灰分/%	pH
汉普夏猪	初乳	74.14	28.86	19.05	5.68	3.45	0.69	6.09
	常乳	80.66	19.34	5.43	6.40	6.71	0.80	6.99
长白猪	初乳	71.10	28.90	19.85	4.78	3.59	0.68	5.85
	常乳	81.23	18.77	5.11	7.37	5.52	0.78	6.87
大约克夏猪	初乳	70.79	29.21	20.07	4.66	3.85	0.64	5.97
	常乳	81.05	18.95	5.40	7.47	5.22	0.86	6.96

引自:韩俊文(1999)。

5.4.3　哺乳母猪的饲养

5.4.3.1　哺乳母猪体重的变化

  母猪哺乳期体重下降是正常现象。其主要原因是,母猪泌乳需消耗大量的营养物质,即使按照其所需的营养水平来配合饲料,也常因采食量有限,而不能满足泌乳和维持需要,母猪只能动用自身体储营养来补充,以保证泌乳需要,因而引起哺乳母猪减重。在正常的饲养条件下,母猪在泌乳前一个月,体重下降应为产后体重的 15%～20%。母猪体重损失程度与其泌乳量、饲料营养水平和采食量等因素密切相关。对于泌量高的母猪,应增加营养物质的供给量,否则母猪减重过多,体力消耗过大,易造成母猪极度衰弱,营养不良,轻者影响下次发情配种。

5.4.3.2 饲养技术

1. 哺乳母猪营养需要

哺乳母猪通常需要饲喂高能高蛋白质日粮,以满足其泌乳所需的营养物质。在按饲养标准配制哺乳母猪的饲料时,除保证适宜的能量、蛋白质营养外,还应注意泌乳母猪饲料能量来源最好以糖和淀粉(大量的玉米)为主,以促进优质的乳汁和胰岛素分泌,并加强饲料中必需氨基酸、有机钙及维生素的补充。常规高产母猪的泌乳期日粮营养水平:消化能 $3.2\sim3.3$ kcal/kg,粗蛋白质 $16\%\sim17\%$,赖氨酸 $0.9\%\sim1.2\%$,缬氨酸$\geq1.44\%$,苏氨酸$\geq0.8\%\sim1.0\%$,钙 $0.9\%\sim1.0\%$,磷 0.7%,食盐 $0.35\%\sim0.45\%$。

2. 饲料喂量

哺乳母猪每产出 1 L 奶需要消耗 1 800 kcal 的代谢能,120 g 的粗蛋白质,加上母猪自身的维持需要。母猪产后采食量与生产性能具有密切关系(图 5-10),当母猪养分摄入不足,就会动用母猪自身体储脂肪用来产奶,导致奶的质量急剧下降(奶中的脂肪为长链脂肪酸,仔猪不能消化而易发生黄白痢,阻碍仔猪的生长),此外,泌乳母猪采食量低,泌乳量大,使机体处于能量负平衡状态,可导致实际生产中断奶母猪不发情、受胎率低,增加母猪的淘汰率。因此,为减少哺乳母猪的体重损耗,应该刺激哺乳期母猪采食到尽可能多的优质饲料。如带仔 10 头哺乳需要每天采食 7.5 kg 饲料(代谢能为 3 300 kcal,粗蛋白质为 19%,赖氨酸为 0.9%以上的优质饲料)。需要注意的是在产后最初几天,母猪体质较弱,消化力不强,代谢机能较差,饲料不能喂得过多,应逐渐增加。

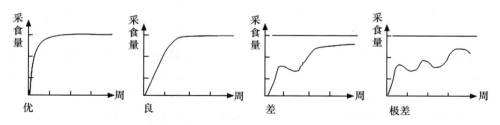

图 5-10 母猪产后采食量与生产性能的关系

哺乳母猪的饲喂模式如下。

(1)产仔当天至少在产后 12 h 内,少喂或不喂全价饲料,只喂给一些容易消化、温热的稀粥状饲料。

(2)产后第 2 天,开始饲喂全价配合饲料且饲喂量逐渐增多,增加量为 0.5~

1 kg/d。

(3)产后第 5～7 天,才按哺乳母猪的标准规定量饲喂,确保母猪在分娩后前 10 d 内获得足够的采食量,达到日采食量 6～7 kg 较为理想。

(4)断奶前 3 d,对于膘情良好的母猪可适当减少饲料给量,而膘情较差的哺乳母猪维持较高的饲喂量。并经常检查母猪乳房的膨胀情况,以防发生乳房炎。

3. 饲喂时间

日喂 3 餐,每餐时间间隔要长些,对于带仔多、泌乳量高的母猪,要多喂勤添,尽可能减少母猪在断奶时体重损耗,这对缩短母猪断乳至再发情的时间间隔、提高下一胎次的发情和受胎率具有重要作用。

4. 饲料品质

严禁饲喂霉变饲料和突然改变饲料,以免引起母猪消化不良,影响乳的产量及质量。霉变谷物饲料可引起母猪应激敏感增加和产生免疫抑制,甚至不孕、胚胎吸收、死胎、流产。如霉变的玉米中赤霉烯酮有类雌激素的作用,可引起性成熟前的猪卵泡发育阻滞而不育,性成熟的成年母猪则卵泡闭锁或假发情的症状。呕吐素和 T-2 毒素可导致母猪发生呕吐,采食量下降,仔猪皮炎和八字腿;麦角碱可致母猪促乳素分泌减少等。

5. 充足的清洁饮水

水是维持母猪健康和正常生理功能的基础。研究表明,产后母猪 7 d 饮水量与仔猪增重呈高度正相关。而且充足的饮水可有效防止母猪便秘,增加母猪采食量和泌乳量。在夏季给哺乳母猪饮用冷水也是减缓热应激的一个有效途径。因此,无论冬夏,必须保障哺乳母猪能够有充足的饮水。通常哺乳母猪每采食 1 kg 饲料饮水 5～8 L。

6. 人工催乳

哺乳期母猪,尤其是初产母猪,可能发生泌乳少或者缺乳情况。造成这种情况的原因很多,如初产母猪乳腺发育不全,促进泌乳的激素和神经机能失调,妊娠期间饲养管理不当,或是其他疾病。针对泌乳量低的母猪,应在综合分析原因的基础上,改进饲养管理方法,增喂含蛋白质丰富而又易于消化的饲料进行催乳。常用的有豆类、鱼粉(或小鱼、小虾)、青绿饲料等。有的喂给煮熟的胎衣或中药,均得到良好效果。必要时采用催产素或抗利尿激素催乳,但其催乳作用是短暂的,在生产实践中不易大量推广。

5.4.4 哺乳母猪的管理

泌乳母猪管理目标是保证母猪健康,保证母猪有较高的泌乳力,同时要维持适度的体况,使其断奶后能较快地发情排卵和配种再孕。哺乳母猪的管理主要包括环境控制、保护乳头、认真观察及合理运动几方面。

5.4.4.1　保护良好的环境条件

1. 冬季防寒保暖,夏季防暑降温

因产房同时养着对热敏感的母猪(适宜温度 15～24 ℃)和对冷敏感的初生仔猪(适宜温度 28～33 ℃);为仔猪提供温暖干燥的小环境的同时,应防止产房内高温环境,尤其是夏季,可能会引起哺乳母猪热应激,从而导致泌乳母猪采食量和泌乳力降低。通常情况下,产房内环境适宜温度应保持在 20～24 ℃,以保证母猪采食量正常。研究表明,当室温在 25 ℃以上,哺乳母猪随着温度的增加,采食量逐渐减少,超过 28 ℃以上,环境温度每增加 1 ℃,哺乳母猪采食量将减少 40～120 g/d。

2. 保持产房干燥、清洁卫生

产房内应保持 60%～75% 的相对湿度,潮湿而卫生不良的产房极易导致病原微生物滋生、有害气体增加、母猪乳房炎和生殖道炎症增加、母猪食欲降低和产乳量不足。因此,在产房的管理中,要随时清扫粪便,保持产床的清洁卫生。对于高床产仔的产房,不宜用水带猪冲洗网床,床下粪污每天清扫 1～2 次,若水冲洗则注意防止水溅到网床上;产房以保温为主,但也要注意适当的通风换气,排除过多的水汽、尘埃、微生物、有害气体(如 NH_3、H_2S、CO_2 等),保证产房内空气新鲜、氧气充足,在通风过程中应防止贼风对母猪和仔猪的侵害。

3. 保持产房环境安静

安静的环境有利于母猪泌乳和仔猪吃奶,否则对母仔均有不利的影响。饲养员在产房内对待正在哺乳的母猪应态度温和,让母猪有充分休息时间,不能随意吆喝和鞭打母猪。

5.4.4.2　保护母猪的乳房及乳头

进入产房前对母猪进行清洁消毒,哺乳期间也应保持乳头的清洁卫生。母猪乳腺发育与仔猪的吮吸有很大关系,特别是头胎母猪,一定要使所有乳头都能均匀利用,如果带仔数少于乳头数时,应训练仔猪吮吸几个乳头,特别是要训练仔猪吮吸母猪乳房后部的乳头,以免未被利用的乳头萎缩。必要时可采取并窝措施。圈栏应平坦,特别是产床不能有尖锐物,以防止剐伤、刺伤乳头。母猪断奶前 2～3 d 减少饲喂量,断奶当天少喂或不喂,适当减少饮水。待断奶后 2～3 d 乳房出现皱纹,再增大饲料喂量,开始催情饲养,这样可避免断奶后母猪发生乳房炎。

5.4.4.3　注意观察并做好各种记录

每天注意观察母猪有无乳房炎、无乳症、便秘等疾病,或食欲是否旺盛,精神和体况是否较好等;发现异常母猪应及时查出原因,采取措施。母猪便秘、产后泌乳障碍综合征等,可用药物治疗。

5.4.4.4 合理运动

为使泌乳母猪尽早恢复体况,除加强营养外,有条件的猪场或家庭养殖场应尽可能在泌乳后期适当加强母猪的运动。在阳光较好、天气温和的情况下,让母猪带仔到舍外活动 0.5~2 h。网栏产仔母猪不进行此项管理。

5.4.4.5 合理用药和防疫

(1)产前用 0.1% 的高锰酸钾液将母猪擦洗消毒。

(2)在高温季节,防止高温综合征。产前 1 周要给母猪肌内注射鱼肝油合剂,饲料中添加维生素 C 等。

(3)母猪产后最好注射前列腺素。产后 36~48 h,使用 PGF2α 2 mL,促进恶露排出和子宫复位,也有利于母猪断奶再发情;产后注射抗生素,防止产期疾病。

(4)产仔前后各半个月饲料中添加抗生素,如土霉素 800~1 000 mg/t 或利高霉素 1 kg/t 或多西环素 200 g/t 或氟苯尼考 100 g/t 或替米考星 100 g/t。

(5)母猪应在配种前(发情前)2 周左右注射猪瘟疫苗。妊娠母猪严禁注射猪瘟疫苗,以防机械性流产。

 思考题

1. 如何通过环境因素的调控,确保后备母猪体成熟与性成熟的一致性?

2. 在母猪妊娠期间,胚胎有哪三个死亡高峰期?

3. 如何加强繁殖母猪的精细化饲养管理?

4. 如何做好母猪的分娩与接产?

5. 繁殖母猪的泌乳规律有哪些?

6. 提高哺乳母猪采食量的意义有哪些?

第6章

母猪繁殖障碍性疾病的防控技术

【本章提要】随着我国养猪业规模化、集约化快速发展,猪病的发生和流行成为养猪业健康发展的制约因素。母猪批次管理技术能真正实现猪场的"全进全出",有效阻断疾病在不同批次猪群间的传播,可提高猪场生物安全等级,但母猪高强度的生产也成为近年来母猪繁殖障碍性疾病高发的诱因。本章从母猪繁殖障碍性相关疾病的防治及综合防控措施方面进行介绍,为进一步提高猪场生物安全、降低母猪繁殖障碍性疾病的发生奠定基础。

6.1　母猪繁殖障碍性疾病类型

6.1.1　繁殖障碍性疾病的定义

母猪繁殖障碍性疾病又称繁殖障碍综合征,是指由各种病因导致的妊娠母猪发生流产、早产、产死胎、"木乃伊"、无活力的弱仔、畸形胎、少仔和不发情、子宫炎、屡配不孕等为主要特征的一类疾病。此类疾病已成为大中型猪场最重要的疾病之一,造成了巨大的经济损失。

6.1.2　繁殖障碍性疾病种类及防治

6.1.2.1　先天性因素

1. 卵巢功能障碍

(1)卵巢囊肿(ovarian cyst):可分为卵泡囊肿和黄体囊肿两种。卵泡囊肿是由于发育中的卵泡上皮变性,卵泡壁结缔组织增生变厚,卵细胞死亡,卵泡液被吸收或者增多而形成。黄体囊肿是由于未排卵的卵泡壁上皮发生黄体化,或者排卵后由于某些原因而黄体化不足,在黄体内形成空腔并蓄积液体而形成。

①临床症状 猪发生卵泡囊肿时,卵泡显著增大,发情周期被破坏,发情症状明显、旺盛,甚至持续发情。黄体囊肿的临床症状是卵巢肿大而缺乏性欲,长期乏情。卵巢囊肿可引起患畜生殖内分泌机能紊乱,通常外周血液中孕激素水平很高,FSH、抑制素和雌激素的水平也会升高。

②防治 卵巢囊肿的治疗多采用激素疗法,常用药物有促性腺激素、前列腺素、GnRH 类似物等。治疗卵泡囊肿:静脉注射 hCG 2 000~3 000 IU;肌内注射 GnRH 类似物(促排 2 号或促排 3 号),50~100 μg。治疗黄体囊肿:氯前列烯醇是常用药物,其作用剂量和方法同上述持久黄体的治疗方法。氯前列烯醇对卵泡囊肿无直接治疗作用,但是,在治疗卵泡囊肿时,可结合 GnRH、hCG 协同应用,提高治疗效果,缩短从治疗到第一次发情的时间间隔,即在应用 GnRH 或 hCG 处理卵泡囊肿后的第 12~15 天,注射 PGF2α 2~3 d,患畜可以发情配种。值得注意的是,治疗卵泡囊肿和黄体囊肿所用激素完全不一样,如果激素用错可能会加重病情,因此,要判明卵泡囊肿和黄体囊肿,并且治疗愈早效果愈好。

(2)持久黄体:妊娠黄体或周期黄体超过正常时间而不消失,称为持久黄体(persistent corpus luteum)。在组织结构和对机体的生理作用方面,妊娠黄体或周期黄体没有区别。舍饲时,运动不足、饲料单纯、缺乏矿物质及维生素等均可引起持久黄体。

①临床症状 由于持久黄体分泌孕酮,抑制卵泡成熟和发情,引起乏情而不育。母猪持久黄体与正常黄体相似,直径约 12 mm,但发生黄体囊肿时,则体积增大。子宫积水、积脓、子宫内有异物、干尸化等,都会使黄体不消退而成为持久黄体。

②防治 前列腺素及其合成类似物是治疗持久黄体最有效的激素,用后患畜大多在 3~5 d 内发情,配种能受胎。此外,FSH、PMSG、雌激素以及 GnRH 类似物等也可用于治疗持久黄体。

(3)卵巢静止:卵巢的机能受到扰乱,卵巢上无卵泡发育,也无黄体存在,卵巢处于静止状态。

①临床症状 雌性动物不表现发情,如果长期得不到治疗则可发展成卵巢萎缩。

②防治 治疗卵巢静止应改善饲养管理条件,供给全价日粮,以促进雌性动物体况的恢复。为了加速恢复卵巢机能,可通过直肠按摩卵巢和子宫,每隔 3~5 d 按摩一次,每次 10~15 min,促进局部血液循环。也可进行激素治疗:肌内注射 hCG 500~1 000 IU,必要时间隔 1~2 d 重复一次;肌内注射 PMSG 每千克体重 10 IU。

2. 受精与妊娠性繁殖障碍

(1)受精障碍:卵子或精子异常、母畜生殖道结构或机能异常、胚胎死亡等都有可能引起受精障碍。

①卵子异常 若卵子呈椭圆形或扁形,其体积过大(巨型)或过小,卵黄内带有极体或有大空泡以及透明带破裂都为畸形卵。畸形卵是在卵母细胞成熟过程中出现的,出现的比例存在品种、品系、年龄和个体差异。在超排过程中一般随超排后回收的卵母细胞数量的增加而比例增大。

②精子异常 受精失败主要与精子DNA-蛋白质复合体结构的破坏有关,此外,精子老化和损伤也能使受精失败。

③结构障碍 母畜生殖道结构或功能的先天或后天缺损,干扰精子和(或)卵子运行到受精部位。

④受精异常 哺乳动物正常受精是单个精子的雄原核与雌原核融合受精,但有时也发生受精异常现象。如多精子受精、含两个雌原核卵子的单精子受精都会形成多倍体的胚胎。染色体数目异常,使胚胎发育早期死亡。或是在受精开始是正常的,但后来由于雄核停止发育或雌核停止发育,形成雌核发育或雄核发育,结果形成单倍体的胚胎,因而胚胎也不能正常发育。

受精异常的主要原因是配子老化,所以在实践中应做好发情鉴定,做到适时输精,这样才有利于精、卵结合,避免因配子老化而造成早期胚胎死亡,从而提高受胎率。

(2)妊娠障碍:妊娠期死亡又称生前死亡,约占所有不孕的1/3。妊娠期死亡根据不同阶段可分为胚胎死亡和胎儿死亡两种。

①胚胎死亡 胚胎死亡绝大多数发生在受精后16~25 d,25%~40%胚胎死亡发生在精子入卵到附植结束这一段时间。死亡的胚胎被吸收,以后母畜再发情。至于重新发情的时间,则与胚胎死亡的时间有关。胚胎死亡的原因是多方面的,如内分泌、营养与遗传、子宫内环境、热应激、泌乳、病原微生物感染和免疫能力差等。

②流产 胎儿或母体的生理过程发生紊乱或它们之间的正常关系受到破坏而使妊娠中断。它可以发生在妊娠的各个阶段,但以妊娠早期多见。流产不仅使胎儿夭折或发育受到影响,而且还危害母体的健康,并引起生殖器官疾病而导致不育。

流产的表现形式有两种,即早产和死胎。早产是妊娠期满前产出胎儿,因为距分娩时间尚早,胎儿无生活力,一般不能成活。死胎是妊娠动物产出死亡的胎儿,多发生在妊娠中、后期。

引起流产的因素很多,生殖内分泌机能紊乱和病原微生物感染是引起早期流产的主要原因,管理不善(如过度拥挤、跌倒、跳踢、外伤等)是引起后期流产的主要原因。

③胎儿死亡 是指妊娠母体内形成的胎儿在生长发育过程中死亡或在围产期及分娩时产出死亡胎儿。胎儿死亡可分为"木乃伊胎"以及围产期和新生期死亡,

其中木乃伊胎是指胎儿死后,组织中的水分及胎水被母体吸收,胎儿变成棕黑色,好像干尸一样,保留在子宫内未被排出体外的现象。木乃伊胎一般随正常仔猪一同分娩,一般怀仔猪越多,产生木乃伊胎的比例越高,而且老年母猪比青年母猪更多见。围产期和新生期死亡是指胎儿在围产期内或分娩过程中死亡。仔猪死亡率随胎次、窝产仔数增加及早产(110 d 前)而升高。仔猪死亡有两种类型:一种是胎儿于产前死亡;另一种则是由于产程过长,仔猪在分娩过程中缺氧窒息而死亡。围产期胎儿死亡的原因是多方面的,如先天性缺陷、窒息、外伤和环境因素等。

3. 米勒管发育不全

母畜米勒管发育缺陷,常导致生殖道发育不全。部分米勒管不育见于猪,但是不常发生。

其临床症状为米勒管衍生组织部分不发育可导致生殖道某处不融合或不形成。若米勒管衍生组织前方不完全发育,子宫角就不会发育;若其后方不完全发育,则形成阴道前部,子宫颈和子宫体的导管错误融合,有时出现无孔的阴瓣、双阴道、双子宫颈或双子宫等。米勒管发育不全,将导致母猪无子宫体,宫颈及阴道前部有 2～10 cm 深的阴道盲端,是泌尿生殖窦内凹所致,并有双侧细索状子宫残余。肾脏畸形常与本病并存(20%～40%),骨骼畸形,特别是脊柱畸形增加,第二性征发育正常。

6.1.2.2　营养缺乏因素

1. 维生素缺乏

(1)维生素 A 缺乏症:是由维生素 A 或其前体胡萝卜素缺乏或不足所引起的一种营养代谢疾病。维生素 A 完全依靠外源供给,即从饲料中摄取。维生素 A 仅存在于动物源性饲料中,鱼肝和鱼油是其丰富来源。维生素 A 原(胡萝卜素,carotene),存在于植物性饲料中,在各种青绿饲料包括发酵的青绿饲料在内,特别是青干草、胡萝卜、南瓜、黄玉米中,都含有丰富的维生素 A 原,维生素 A 原在体内能转变成维生素 A。

①临床症状　临床上以生长缓慢、上皮角化、夜盲症、繁殖机能障碍以及机体免疫力低下,后躯麻痹多于惊厥等。母畜发情扰乱,受胎率下降,胎儿发育不全,先天性缺陷或畸形,所产窝猪呈现无眼或小眼畸形及腭裂等先天性缺损。也可呈现其他缺损,如兔唇、附耳、后肢畸形、皮下囊肿、生殖器官发育不全等。

②防治　保持饲料日粮的全价性,尤其维生素 A 和胡萝卜素含量一般最低需要量每日分别为 30～75 IU/kg 体重,最适摄入量分别为 65～155 IU/kg 体重。孕畜和泌乳母畜还应增加 50%,可于产前 4～6 周给予鱼肝油或维生素 A 浓油剂;孕猪 25 万～35 万 IU,每周 1 次。日粮中应有足量的青绿饲料、优质干草、胡萝卜和块根类及黄玉米,必要时应给予鱼肝油或维生素 A 添加剂。饲料不宜贮存过久,

以免胡萝卜素破坏而降低维生素 A 效应,也不宜过早地将维生素 A 掺入饲料中做储备饲料,以免被氧化破坏。对患维生素 A 缺乏症的动物,首先应查明病因,积极治疗原发病,同时改善饲养管理条件,加强护理。其次要调整日粮组成,增补以富含维生素 A 和胡萝卜素的饲料,优质青草或干草、胡萝卜、青贮料、黄玉米,也可补给鱼肝油。治疗可用维生素 A 制剂和富含维生素 A 的鱼肝油。维生素 AD 滴剂:仔猪 2 万～3 万 IU 内服或肌内注射,每日 1 次;猪 2.5 万～5 万 IU/头,内服。

(2)维生素 B_{12} 缺乏症:也称钴胺素缺乏症,主要是由于体内维生素 B_{12}(或钴)缺乏或不足所引起的一种以机体物质代谢紊乱,生长发育受阻,恶性贫血及繁殖机能障碍为主要特征的营养代谢病。

①临床症状　一般出现食欲减退或反常,生长缓慢,发育不良,可视黏膜苍白,皮肤湿疹,神经兴奋性增高,共济失调等。生长猪病初生长停滞,皮肤粗糙,背部有湿疹样皮炎。逐渐出现恶性贫血症状,如皮肤、黏膜苍白,红细胞体积增大,数量减少。消化不良,异嗜,腹泻。运动障碍,后躯麻痹,倒地不起,多有肺炎等继发感染。成年猪主要呈现繁殖功能障碍,母猪易发生流产、死胎、胎儿发育不全、畸形、产仔数量少,且仔猪生活力弱,多在出生后不久死亡。

②防治　为预防本病,应注意保持日粮组成的全价性,保证日粮中含足量的维生素 B_{12} 和微量元素钴。为此,可适当增加动物源性饲料或补给含有维生素 B 族以及钴、铁的饲料添加剂。在临床上,通常应用维生素 B_{12}(钴胺素)注射液肌内注射,成年猪 0.3～0.4 mg,仔猪 20～30 μg。每日或隔日 1 次。

2. 矿物质微量元素缺乏

(1)硒和维生素 E 缺乏症:主要是由于体内微量元素硒和维生素 E 缺乏或不足,而引起骨骼肌、心肌和肝脏组织变性、坏死为特征的疾病。本病发生于各种动物,在世界多数国家和地区均有发生。

①临床症状　仔猪表现为消化紊乱并伴有顽固性腹泻,喜卧,站立困难,步态强拘,后躯摇摆,甚至轻瘫或常呈犬坐姿势;心率加快,心律不齐,肝组织严重变性、坏死,常因心力衰竭而死亡。尸检,心脏肿大,外观似桑葚状,又称桑葚心病。成年猪在运动、兴奋、追逐过程中突然发生心猝死,慢性病例呈明显的繁殖功能障碍,母猪屡配不孕,妊娠母猪早产、流产、死胎、产仔多孱弱。

②防治　在低硒地带饲养的畜禽或饲用由低硒地区运入的饲粮、饲料时,必须补硒。补硒的办法:直接投服硒制剂;将适量硒添加于饲料、饮水中喂饮;目前简便易行的方法是应用饲料硒添加剂,硒的添加剂量为 0.1～0.3 mg/kg。治疗可用,0.1%亚硒酸钠溶液肌内注射,配合醋酸生育酚,效果确实。成年猪亚硒酸钠 10～20 mL,乙酸生育酚 1.0 g/头,仔猪亚硒酸钠 1～2 mL,乙酸生育酚 0.1～0.5 g/头,隔日一次,连用 10 d。

（2）锰缺乏症：因饲料中锰含量绝对或相对不足所致的一种营养缺乏病，临床上以骨骼畸形、繁殖机能障碍及新生畜运动失调为特征。畜禽表现为骨骼短粗，又称滑腱症，多呈地方性流行。

①临床症状　动物锰缺乏表现为生长受阻，骨骼短、粗，骨重量正常。腱容易从骨沟内滑脱，形成"滑腱症"；动物缺锰常引起繁殖机能障碍，母畜不发情，不排卵；公畜精子密度下降，精子活力减退。猪实验性锰缺乏，引起骨生长减慢，肌肉虚弱，肥胖，发情减少，无规律性，甚至不发情。胎儿吸收或出生后不久死亡。腿虚弱，前肢弯曲，缩短。

②防治　猪日粮中锰含量一般能满足其需要，不再补充锰。

6.1.2.3　病理性因素

1. 病毒性疾病

（1）非洲猪瘟（ASF）：是由非洲猪瘟病毒科、非洲猪瘟病毒属的一种 DNA 病毒引起的疾病。由于该病能迅速传播并且对社会经济有重要影响，世界动物卫生组织（OIE）将 ASF 列为 A 类传染病。

①临床症状　非洲猪瘟的临床症状与猪瘟和猪丹毒等其他猪病的临床症状相似。因此，需要建立实验室诊断方法进行确诊。非洲猪瘟的临床症状随非洲猪瘟病毒（ASFV）的毒力、感染剂量和感染途径的不同而不同。非洲猪瘟的临床症状可从超急性型（猪突然死亡，很少有临床症状）到亚急性型或隐性感染。ASFV 在非洲主要引起急性非洲猪瘟，其表现为食欲减退、高热（40～41 ℃）、白细胞减少、内脏器官出血、皮肤出血（尤其是耳部和腹部皮肤）和高死亡率。

非洲以外的地区也可能暴发急性 ASF，但亚急性 ASF 和慢性 ASF 最常见。急性 ASF 表现为暂时性的血小板和白细胞减少，并可见大量出血灶。慢性 ASF 表现呼吸改变、流产和低死亡率。

②防治　目前还无法治疗 ASF，也没有有效的疫苗来预防 ASF。灭活疫苗不能产生任何保护作用。弱毒活疫苗能使一些猪免受同源 ASFV 毒株的感染，但是这些猪部分会成为病毒携带者或出现慢性病变，当大规模使用弱毒活疫苗时，这种可能性会增加。

（2）猪瘟（CSF）：是一种高度接触性传染病，遍布于全世界，世界动物卫生组织（OIE）将此病列为 A 类传染病之一。野猪和家猪是猪瘟病毒（CSFV）唯一的自然宿主。根据猪瘟病毒株毒力的强弱，将该病分为最急性型、急性型、慢性型和迟发型。病毒株的分类很复杂，因为相同的分离株可以导致猪不同程度的临床症状，这与猪的年龄、饲养方式、健康状态和免疫状态有关。

①临床症状　对于急性 CSF，最初的临床症状包括食欲减退、精神不振、结膜炎、呼吸困难、便秘以及痢疾；慢性病例与之类似，只是维持 2～3 个月才会死掉。

非特异性症状如间断性高热、慢性肾炎以及消瘦也是常见。最急性、急性、慢性或者先天性 CSF 归因于病毒株的毒力强弱，但是毒株毒力很难定义，因为临床症状也取决于猪日龄、饲养情况、健康状态以及免疫状态。

怀孕母猪感染低毒力和中等毒力猪瘟病毒后，能引起潜伏性感染，自身不表现临床症状，但 CSFV 可以穿过母猪胎盘感染胎儿。依据不同的毒株和怀孕时间，感染可以导致流产或死胎、滞留胎、"木乃伊胎"、畸形胎、弱仔或震颤的仔猪，这种感染称为"迟发性猪瘟"，弱仔多在 2～3 d 死亡。同窝貌似"健康"的先天性感染幸存哺育仔猪常发生腹泻、呼吸困难、死亡率上升，多在 15～30 日龄发生急性猪瘟死亡。感染仔猪出现皮肤水肿、出血、头部肿大、腿关节肿大、畸形等。剖检可见肺脏出血（图 6-1），回盲瓣附近扣状肿（图 6-2），肾针点状出血，脾脏边缘有梗死（图 6-3），腹腔积液、全身淋巴结边缘出血，切面呈大理石样（图 6-4）。

②防治 CSF 在世界各地仍然流行，控制该病应严格采取检疫措施，阻止已感染的或疑似感染猪群的流动。

图 6-1 肺脏上有散在的鲜红色出血点

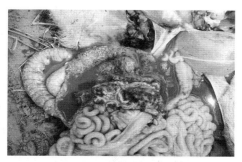

图 6-2 回盲瓣附近扣状肿

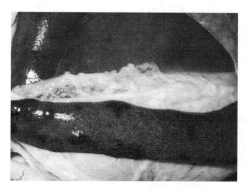

图 6-3 脾脏梗死

图 6-4 淋巴结切面呈大理石样

（3）伪狂犬病：是一种暴发性的急性传染病，爆发率高、传染性强，是危害全球养猪业的重大传染疾病之一。

①临床症状　可造成孕期母猪流产、产死胎,公猪不孕等情况。临床症状主要取决于感染病毒的强弱程度及感染猪的年龄,幼期猪感染表现最为严重,会造成新生仔猪大量死亡的现象。

②防治　预防方法为接种疫苗。净化猪场伪狂犬病是防治该病最有效的方法,在使用基因缺失苗免疫接种的同时,使用鉴别试剂盒定期对种猪群进行监测,淘汰阳性猪。

(4)猪繁殖与呼吸综合征(PRRS):在母猪饲养的过程中十分常见,一般很难预防,发病率高,且具有患病率高、死亡率低的特点,对养猪产业有极大的影响。

①临床症状　母猪感染 PRRS 病毒后会对繁殖过程造成极大危害,流产、死胎等现象占 20% 以上,而新产下的幼崽及处在断奶期的母猪患病率高达 80% 及以上。断奶仔猪染病后,主要表现为厌食、嗜睡、咳嗽、呼吸困难,有些猪双眼肿胀,出现结膜炎和腹泻,有些断奶仔猪表现下痢(图 6-5)、关节炎、耳朵变红(图 6-6)、皮肤有斑点。剖检后,眼观病变是肺弥漫性间质性肺炎(图 6-7),并伴有细胞浸润和卡他性肺炎区(图 6-8),肺水肿,在腹膜以及肾周围脂肪、肠系膜淋巴结、皮下脂肪和肌肉等处发生水肿。

图 6-5　断奶仔猪下痢

图 6-6　病猪发烧,通体发红

图 6-7　间质性肺炎

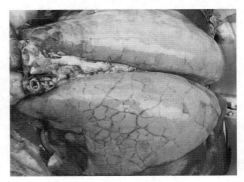

图 6-8　肺脏肿胀间质增宽

②防治　PRRS 病毒感染后可导致免疫抑制,以及 PRRS 病毒感染致使肺中巨噬细胞数目减少,抵抗力降低而导致继发感染,建议采取防止继发感染和对症治疗的防治方法,对仔猪使用抗支原体药物,按月用药;母猪分娩前期用药,进行种猪群逐步净化。

(5)细小病毒(PPV)病:是由细小病毒引起的母猪繁殖障碍,是母猪的常见病之一。PPV 在世界各地的猪群中广泛存在。猪在出生前后最常见的感染途径分别是通过胎盘和口鼻。在猪的主要生产地区,多数猪场的感染呈地方性流行,几乎没有母猪免于感染。

大多数母猪在怀孕前已受到自然感染,产生了主动免疫力,甚至可能终生免疫。血清流行病学资料表明,PPV 感染是普遍的。血清反应阴性的母猪主要在妊娠的前半期经口鼻感染病毒,结果免疫机能不全的胎儿经胎盘受到感染,从而导致发病。猪细小病毒在世界各地普遍存在,在已报道的猪群中呈地方流行性。

①临床症状　PPV 感染的主要特征和仅有的临床反应是母猪的繁殖障碍,其结局主要取决于在妊娠期的哪一阶段感染该病毒。母猪有可能要再度发情,或既不发情,也不产仔,或每窝只产很少的几个仔,或者产出部分木乃伊胎。所有这些都反映出是死胎或死胚,或两者都有。唯一表现出的症状可能是由于在怀孕中期或后期胎儿死亡,胎水被重吸收,母猪的腹围缩小。母猪繁殖障碍的其他表现,即不孕、流产、死产、新生仔猪死亡和产弱仔,也被认为是由 PPV 感染而引起,这些症状通常是该病的一小部分。

②防治　主要以预防为主,无特效药物。一是做好疫苗接种免疫;二是严格检疫,公猪精液检查阴性;三是初产母猪配种前 1 个月注射弱毒或灭活苗,不仅增加了抗体,还降低产仔患病风险。

(6)猪圆环病毒病(PCVD):是由圆环病毒 2 型(PCV-2)感染引起的免疫抑制性疾病,是一种新的传染性疾病。同时也是一系列多种不同临床疾病的总称,是指群体病或与 PCV-2 相关的疾病,包括断奶仔猪多系统衰竭综合征(PMWS)、猪呼吸道病综合征(PRDC)、猪皮炎肾病综合征(PDNS)、母猪繁殖障碍性疾病、新生仔猪先天性震颤(CT)、猪增生性坏死性肺炎(PNP)等。

PCV-2 感染后导致猪的机体免疫力或应答能力下降,使其疫苗效果降低或丧失;产生的免疫抑制易引发其他病原的混合感染或继发感染,导致猪的生产性能下降甚至死亡。PCV-2 与后期流产及死胎相关。然而,与 PCV-2 相关的繁殖系统疾病的田间病例很少。这与成年猪 PCV-2 的血清阳性率较高,大多数养的猪群对临床疾病并不易感有关。PCV-2 相关的繁殖系统疾病中,死胎或中途死亡的新生仔猪一般呈现慢性、被动性肝充血及心脏肥大,多个区域呈现心肌变色等病变。显微镜下对应的病理变化主要表现为纤维素性或坏死性心肌炎。

断奶仔猪多系统衰竭综合征（PMWS），较易侵袭 2～4 月龄仔猪，发病率一般为 4%～30%（有时达 50%～60%），死亡率 4%～20%。PMWS 的临床特征为消瘦，皮肤苍白，呼吸困难，有时腹泻、黄疸。疾病早期常常出现皮下淋巴结肿大。

（7）猪皮炎肾病综合征（PDNS）：一般易侵袭仔猪、育成猪和成年猪。发病率小于 1%，然而也有高发病率的报道。大于 3 月龄的猪死亡率将近 100%，年轻感染猪死亡率将近 50%。严重感染的患病猪在临床症状出现后几天内就全部死亡。感染后耐过猪一般会在综合征开始后的 7～10 d 恢复，并开始增重。

①临床症状 PDNS 患猪一般呈现食欲减退、精神不振（图 6-9），轻度发热或不呈现发热症状。喜卧、不愿走动，步态僵硬。最显著症状为皮肤出现不规则的红紫斑及丘疹（图 6-10），主要集中在后肢及会阴区域，有时也会在其他部位出现。随着病程延长，病变区域会被黑色结痂覆盖。这些病变区域逐渐褪去，偶尔留下疤痕。显微镜观察，可见红斑及丘疹区域呈现与坏死性脉管炎相关的坏死及血现象。全身特征性症状表现为坏死性脉管炎。剖检后，肾脏早期肿胀，肾皮质变薄易碎，中晚期质地坚实（图 6-11），肾包膜较难剥离。

图 6-9　感染猪瘦弱和绒毛萎缩

图 6-10　感染母猪皮肤出现不规则的红紫斑及丘疹

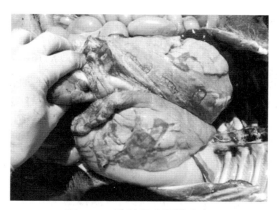

图 6-11　肺脏部分区域实变

②防治　目前尚没有控制和消灭 PCV-2 感染的有效措施,因此,加强该病的综合防治显得非常重要。疫苗免疫是控制该病的最有效的措施,就目前的生猪养殖而言,全病毒灭活疫苗使用较为广泛。进口疫苗可用于 2 周龄及 2 周龄以上猪群,只免疫 1 次,免疫 2 周后可产生抗体。对后备母猪群配种前 2 周或更早进行免疫。国产疫苗须免疫 2 次,中间间隔 3 周。也可通过改善饲养管理和环境来控制该病,把好饲料原料关,避免霉菌毒素的危害,饲料营养充分是猪只健康的基础。不同批次、不同来源的猪不可混养,每栏全进全出;降低饲养密度,保持良好通风和适宜温度条件,温度和通风保持平衡,降低氨气和其他有害气体浓度;吃好初乳,获得更多母源抗体,减少仔猪断奶时心理应激、环境应激;饲料中应含充足维生素 E 和硒、锌与抗氧化剂等免疫增强剂,帮助猪只提高免疫力。PMWS 发病一般集中于断奶后的保育猪和育肥前期猪,因此,仔猪饲料中添加抗菌药物也可提前预防该病,可以添加氟苯尼考、多西环素、泰妙菌素、泰乐菌素、替米考星、林可霉素等药物,连用 10～14 d,以控制细菌性继发感染,用药要轮换,以减少耐药性。对发病猪进行隔离治疗,可肌内注射头孢噻呋、氟苯尼考、阿莫西林等,以治疗细菌继发感染,失去治疗价值的病猪及时扑杀,并做无害化处理。

(8)猪流行性乙型脑炎:又称猪日本乙型脑炎,是常见的动物感染病,其中以猪的感染最普遍。感染源主要为蚊虫叮咬,发病具有明显的季节性,每年天气炎热的 7—9 月为病情高峰期,该病呈散发状态,且大多数为隐性感染,只在感染的初期具有传染性。

①临床症状　临床表现为高热,母猪流产、产死胎,公猪睾丸炎等症状。感染率高,死亡率低,但是病情每年渐渐减轻,最后变成无临床症状但是本体带毒的有害猪。

②防治　预防方法首先应进行蚊虫清理,消灭传播源,定期接种疫苗,增强抗体。

2. 细菌性疾病

(1)衣原体:是一种小的、细胞内寄生菌,可引起多动物的疾病,在猪的病例中引起结膜炎、肠炎、胸膜炎、心包炎、关节炎、睾丸炎、子宫感染和流产。对猪衣原体病的最新的研究表明,至少与鹦鹉热衣原体、猫心衣原体和沙眼衣原体三个种有关。

①临床症状　许多衣原体性感染均为隐性感染,但是呼吸道和全身感染往往有 3～11 d 潜伏期,随后食欲不振,体温达 39～41 ℃,可有持续 4～8 d 的呼吸、肺炎或关节炎症状。听诊时可查到胸膜炎或心包炎。一个或更多的关节受损而出现疼痛跛行、步态紊乱,仔猪衰弱和各个年龄组的神经症状。致死性感染往往发生在青年猪中。

衣原体感染也可涉及生殖道感染并影响猪的繁殖。公猪感染后,出现睾丸炎、附睾炎和尿道炎;母猪感染后,导致怀孕后期流产、弱胎或死胎。血清学和细菌分离研究提示,许多猪生殖系统感染后,临床呈隐性。

②防治　许多种抗生素在试管内对鹦鹉热衣原体有些作用,其中治疗效果最好的是四环素。在不适宜的时间治疗可导致疾病复发,为了完全排除或抑制潜伏性感染,应按治疗水平连续给药 21 d。四环素、土霉素和金霉素都可通过饮水或饲料使用。长效土霉素可用于治疗个体感染猪。

同时避免健康猪与感染猪、其他哺乳动物和鸟的粪便接触。感染猪与易感猪应在空气和排泄区域方面隔离开来。所有感染种畜只有在用四环素治疗后方可使用,或将它们与其他感染猪隔离饲养,直到有足够的非感染猪代替它们为止。用石炭酸和福尔马林喷雾消毒可杀灭建筑物上的衣原体。

(2)布鲁氏菌病:猪布鲁氏菌是唯一一种能引起多系统功能障碍的布鲁氏菌,并且能在猪上引起繁殖障碍。大部分的猪布鲁氏菌感染都是通过直接接触的方式进行。最主要的传播途径是经口和交配进行传播。各个年龄的猪都可以通过采食或饮水等途径被感染。仔猪也可以通过吸食母乳的方式感染该病。该病可以通过交配进行传播,当母猪被输入了含有布鲁氏菌的精液就可以能被感染。实验证明,猪也可以通过鼻腔分泌物及破损的皮肤传播该病。

①临床症状　猪布鲁氏菌病的典型症状是流产、不孕、睾丸炎、瘫痪和跛行。感染猪表现出间歇热。表现临床症状时间很短,死亡率很低。猪流产最早的报道发生在妊娠 17 d。早期的流产通常被忽视,而只有大批的妊娠后流产才容易引起注意。早期流产阴道的分泌物较少,也是未能引起注意的原因之一。妊娠 35 d 或 40 d 后再感染布鲁氏菌,则会在妊娠晚期流产。少部分母猪在流产后阴道会有异常分泌物,而这可能持续到 30 个月之久。然而,大多数仅持续 30 d 左右。临床上,异常的阴道分泌物多出现在妊娠前有子宫内感染时发生。大多数的母猪都会自愈。在吃奶和断奶仔猪中如有感染,则易出现瘫痪和跛行,而各个年龄段的猪感染

后均可能出现瘫痪和跛行症状。

②防治　抗生素虽然对细菌有一定的抑制作用,但并不能杀灭布鲁氏菌,一旦停药,其仍然能够继续存留于机体中。有些布鲁氏菌感染利用化学疗法会有一定的效果。目前还没有针对猪布鲁氏菌病的疫苗出现。针对猪布鲁氏菌病,目前有效的管理和生物安全措施是可以预防和控制的。

(3)猪钩端螺旋体病:是由钩端螺旋体所引起的人畜共患的一种急性传染病,以贫血、黄疸、血尿、黏膜和皮肤坏死,以及短期发热为特征。

①临床症状　伏期一般为2~20 d,因动物种类和病原血清型的不同,症状稍有差异。大多数病猪无明显的症状。急性病例,主要发生于幼龄猪,临床表现出有短时间的发热（40 ℃以上）及结膜炎,而后精神沉郁,食欲减少或废绝,可视黏膜贫血或黄染。常见全身水肿,尿呈黄色或深红色。孕猪发生流产和死胎,以第一胎流产较为多见。

②防治　预防本病,首先要消灭传染源,开展群众性灭鼠工作,防止草料及水源被鼠类尿所污染。避免引进带菌动物,不要从疫区购买家畜。对于新购入的家畜,也必须隔离检疫 30 d,无病方可混群。遇有疑似感染动物,可在饲料中混以0.05％~0.1％四环素族抗生素,连喂 14 d 有效。

为了提高家畜的免疫力,可用多价钩端螺旋体疫苗进行预防接种,但必须是含有当地流行的钩端螺旋体的菌型。发现病畜隔离治疗。早期应用免疫血清,可获得一定的效果。新胂凡纳明（914）静脉注射也有良好的疗效。用磺胺苯甲酸钠和抗生素（青霉素、链霉素、土霉素）进行治疗,可获得一定疗效。

同时,应加强消毒工作,对病畜污染的畜舍、运动场和用具等,用 3％克辽林或来苏儿溶液,2％ 氢氧化钠溶液或 20％石灰乳进行彻底消毒。粪尿堆积发酵处理。

3. 寄生虫类疾病

(1)弓形虫病:猪的弓形虫病是寄生在猪、牛、羊、犬、猫和人等体内而引起的一种人畜共患的寄生原虫病。近几年来,我国有些地区所谓的"猪无名高热病"可能多数是这种急性型猪弓形虫病。

①临床症状　猪患弓形虫病的潜伏期为3~7 d。病初体温上升到 40~42 ℃稽留,食欲逐渐减退以至废绝,精神委顿,便秘,有时下痢,呼吸困难,咳嗽或呕吐。有的四肢及全身肌肉僵直,体表淋巴结显著肿大,耳及体躯下部有瘀血斑,病程为10~15 d。

②防治　治疗本病以磺胺嘧啶等磺胺类药物和抗菌增效剂联合应用为佳。

(2)猪附红细胞体病:猪的附红细胞体病是由猪附红细胞体感染易感猪后,附着在血液中的红细胞表面,存在于血浆中或在骨髓中增殖而引起的一种传染性疾病。

①临床症状　表现为少食,精神不振,体温 39~42 ℃。皮肤发红,在股内侧、

头颈部、外阴等处有突出体表的比黄豆稍大的丘疹,或有荨麻疹出现,耳廓有红白相间的类似大理石样纹理的红色淤血,数天后步态不稳。尿呈黄色或棕色,粪便干硬,哺乳母猪泌乳量下降。发病后期因不食或少食而有皮肤苍白等贫血症状,少见有黄疸者。

②防治　使用磺胺对(间)甲氧嘧啶、三氮脒、吖啶黄、新胂凡纳明或茵陈蒿散加减等有效防治本病。

(3)猪冠尾线虫(肾虫)病:是由有齿冠尾线虫寄生于猪的肾盂及肾周围的脂肪和与输尿管相通的结缔组织的包囊内而引起的一种线虫病,对猪的危害较大,可造成大批死亡。

①临床症状　大量幼虫在猪体内移行和发育过程中,通过机械刺激和毒素作用,对肝脏的损害较严重,可造成肝硬化,并引起全身贫血、黄疸和水肿等。成虫寄生于肾脏,分泌毒素,可诱发腰萎,引起后肢僵硬,行走摇摆,以致麻痹等症状。

②治疗　猪肾虫病可使用下列药物:左旋咪唑按每千克体重 8 mg 口服,或按每千克体重 4～5 mg 肌内注射。丙硫苯咪唑粉剂按每千克体重 20 mg 口服。

③预防　在猪肾虫病的流行地区,应定期对猪群进行尿液中的虫卵检查,若发现病猪,应及时隔离分群,及时治疗并应有计划地淘汰病猪;对调出的猪群,应先进行严格的检疫后方可外运;放牧的猪群,在温暖、多雨季节里,尽量圈养,保持圈舍清洁、干燥,定期消毒;避免圈舍内堆积粪尿,垫草应经常更换或曝晒。

4. 生殖器官疾病性繁殖障碍

(1)卵巢炎:根据病程可分急性和慢性两种.急性卵巢炎多数是由子宫炎、输卵管炎或其他器官的炎症引起的。在某些情况下,如对卵巢进行按摩、对囊肿进行穿刺时,病原微生物经血液和淋巴进入卵巢也可发生卵巢炎。

①临床症状　直肠检查时,患侧卵巢体积肿大(2～4 倍),呈圆形,柔软而表面光滑,触之有疼痛。卵巢上无黄体和卵泡。当急性炎症转为慢性时,卵巢体积逐渐变小,质地有软有硬,表面也高低不平。触诊时有时有轻微疼痛,有时无疼痛反应。

急性期患畜精神沉郁,食欲减退,甚至体温升高。慢性期无全身症状,发情周期往往不正常。

②防治　在急性期,在应用大量抗生素(青霉素、链霉素)及磺胺类药物治疗的同时,加强饲养管理,以增强机体的抵抗力。在慢性炎症期,实行按摩卵巢的同时,结合药物及激素疗法。

(2)子宫内膜炎:是子宫黏膜发生的炎症,在生殖器官的疾病中占的比例最大,它可直接危害精子的生存,影响受精以及胚胎的生长发育和着床,甚至引起胎儿死亡而发生流产。

①临床症状　子宫内膜炎根据炎症性质可分为隐性、黏液性、黏液性脓性和脓

性4种。

A.隐性子宫内膜炎　直肠检查时无器质性变化,只是发情时分泌物较多,有时分泌物不清亮透明,略微混浊。如果有蛋白样或絮状浮游物即可确诊。

B.黏液性子宫内膜炎　通过直肠检查感到子宫角变粗,子宫壁增厚,弹性减弱,收缩反应微弱。子宫颈口稍开张,子宫颈、阴道黏膜充血肿胀。

C.黏液性脓性子宫内膜炎　其特征与黏液性内膜炎相似,但病理变化较深。子宫黏膜肿胀、充血、有脓性浸润,上皮组织变性、坏死、脱落,甚至形成肉芽组织斑痕,子宫腺也可形成囊肿。

D.脓性子宫内膜炎　多由胎衣不下感染,腐败化脓引起。主要症状是从阴道内流出灰白色、黄褐色浓稠的脓性分泌物,在尾根或阴门形成干痂。直肠检查子宫肥大而软,甚至无收缩反应。回流液混浊,像面糊,带大脓液。

②防治　首先是给予全价饲料,特别是富含蛋白质及维生素的饲料,以增强机体的抵抗力,促进子宫机能的恢复。治疗子宫内膜炎一般采用局部疗法和子宫内直接用药两种方法,治疗时应根据具体情况采用不同的方法治疗。

冲洗子宫是一种常见的行之有效的方法。常用的冲洗液有以下几种。

A.无刺激性溶液　1%～2%盐水或人工盐液,1%～2%碳酸氢钠溶液,可用于隐性子宫内膜炎、轻度子宫内膜炎的治疗。温度38～40 ℃每天1次或隔天1次,将回流液导出后即注入青霉素、链霉素,还可用于长期不发情的母畜,进行温浴,促使发情。

B.刺激性溶液　5%～10%盐水或人工盐水,1%～2%鱼石脂,用于各种子宫内膜炎的早期治疗,温度40～45 ℃。

C.消毒性溶液　0.5%来苏儿、0.1%高锰酸钾、0.02%新洁尔灭等,适用于各种子宫内膜炎,温度38～40 ℃。

D.腐蚀性溶液　1%硫酸铜、1%碘溶液、3%尿素液等,适用于顽固性子宫内膜炎。因对母畜刺激强烈,冲洗液导入后应立即导出。

E.收敛性溶液　1%明矾,1%～3%鞣酸等,适用于子宫黏膜出血或子宫弛缓,温度20～30 ℃。

(3)输卵管炎:由于子宫经输卵管与腹腔相通,所以子宫及腹腔有炎症时均有可能扩散到输卵管,使输卵管发生炎症,直接危害精子、卵子和受精卵,从而引起不孕。

①临床症状　慢性输卵管炎,由于结缔组织增生,管壁增厚,触摸如绳索状。急性炎症,如果输卵管阻塞时,黏液或脓性分泌物会积存在输卵管内则呈现波动的囊泡,按压时有疼痛反应。结核性输卵管炎时则会触摸到输卵管粗细不一,并有大小不等的结节。

②防治　原发性较轻的输卵管炎经及时治疗可能会痊愈,具有生育能力。继

发性的输卵管炎,特别是由于分泌物增多发生粘连而造成阻塞的难以治愈。治疗时多采取 1‰～2‰ NaCl 溶液冲洗子宫,然后注入抗生素及雌激素,以促进子宫、输卵管收缩,排出炎性分泌物,使输卵管、子宫得到净化,恢复生育能力。在输卵管发生轻度粘连时,采取输卵管通气法,有时也能奏效。单侧输卵管炎的患畜可能有生育能力,双侧输卵管炎患畜往往失去生育能力,应及时淘汰。

(4)乳房炎:是母畜乳腺的炎症,多发生于乳用家畜的泌乳期。

①临床症状　根据炎症的经过,可分为急性和慢性两种。

A.急性乳房炎　乳腺患部有不同程度的充血(发红)肿胀(增大、变硬)、温热和疼痛,乳房上淋巴结肿大,乳汁排出不通畅或困难,泌乳减少或停止,乳汁稀薄,内含乳凝块或絮状物,有的混有血液或脓汁。严重时,除局部症状外,尚伴有食欲减退、精神不振和体温升高等全身症状。

B.慢性乳房炎　乳腺患部组织弹性降低,硬结,泌乳量减少,挤出的乳汁变稠并带黄色,有时内含乳凝块。多无全身症状,少数病畜体温略高,食欲降低。有时由于结缔组织增生而变硬,致使泌乳能力丧失。

乳房炎有的发生于整个乳房,有的仅见于乳腺的一叶或数叶,也有只限于一叶的某一部分。

②防治

A.局部疗法　急性乳房炎的治疗:乳叶局部疗法每患叶用青霉素 50 万 IU、链霉素 0.25～0.5 g,溶于 50 mL 蒸馏水中,或再加入 0.25％普鲁卡因溶液 10 mL,经乳导管注入,每天 1～2 次。给药前,应将乳汁挤净,给药后用手捏住乳头向乳房轻撞数下,以使药液扩散,待下次注入药液前再行挤乳。慢性乳房炎的治疗:局部刺激疗法,选用樟脑软膏、鱼石脂软膏(或鱼石脂鱼肝油)、5％～10％碘酊或碘甘油,待乳房洗净擦干后,将药涂擦于乳房患叶皮肤。其中以鱼石脂鱼肝油疗效明显。也可温敷。

B.全身疗法　以青霉素与链霉素,青霉素与新霉素的联合疗法或四环素疗法效果为优。四环素用于慢性乳房炎比急性乳房炎的疗效高。也可用青霉素与磺胺噻唑,或四环素与磺胺噻唑的联合应用。

防重于治,为了更好地预防乳房炎,要保持圈舍、运动场的清洁,以创造良好的卫生条件。做好传染病的防检工作。逐渐停乳,停乳后注意乳房的充盈度和收缩情况,发现异常及时检查处理。分娩前,乳房明显膨胀时,适当减少多汁饲料和精料的饲喂量,分娩后,控制饮水并适当增加运动。有乳房炎征兆时,除采取医疗措施外,并根据情况隔离患畜。

(5)霉菌毒素:霉菌及其毒素中毒病是由于具有致病性霉菌在含水量和温度适宜的条件下,迅速生长繁殖并产生毒素,当畜禽采食后而发生中毒,常造成大批发病和死亡。比较常见的有黄曲霉毒素中毒和赤霉病谷物中毒。

①临床症状　主要分为以下两种。

A. 黄曲霉毒素中毒　主要症状为渐进性食欲降低、口渴、便血、异嗜、生长迟缓、发育停顿、皮肤充血和出血。随着病程的发展,病猪可出现间歇性抽搐、黄疸、过度兴奋、角弓反张和共济失调等症状。病至后期红细胞可降低 30％～45％,凝血时间延长,白细胞总数增多,每立方毫米为 3.5 万～6.0 万个。

B. 赤霉病谷物中毒　猪急性中毒时,常于采食后约 30 min,频频发生呕吐为特征(往往每隔 5～10 min 呕吐一次,如此可持续 2 h)。并呈现不食、腹泻。病程缓慢时,可引起性机能紊乱,母猪阴户肿胀,乳腺增大,阴户、阴道出血,发炎;公猪可有包皮炎、阴茎肿胀。有的病猪尚表现兴奋性增高及皮肤发痒。

②防治

A. 发病后除应立即停喂发霉饲料,换以优质饲草,根据临床症状及病理变化,采用相应的支持疗法和对症处理。急性中毒,可根据动物的类别和可能,用 0.1％高锰酸钾溶液、清水或弱碱液进行灌肠、洗胃,后投服健胃缓下剂(如硫酸镁、硫酸钠、液体石蜡等),同时停喂精料,只喂给青绿饲料,待症状好转后再逐渐增添精料。出现骚动不安,有神经症状者,可给予镇静止痉剂,或按"中毒性脑病"做相应处理。

B. 防止饲料(草)霉败的关键是控制水分和温度,积极采取措施对饲料谷物尽快进行干燥处理,并置于干燥、低温处贮存。需去霉时,可用碱液（1.5％氢氧化钠或草木灰水等）处理或用清水多次浸泡,直到泡洗液清澈无色为止。但经这种方法处理的饲料,其饲喂时仍应加以限制。此外尚有人研究用微生物降解法,应用一种黄杆菌经过 12 h 培养后即可迅速全部除去玉米、花生等作物中的黄曲霉毒素等。

6.1.3　猪解剖步骤

对病死猪进行剖检在临床诊断中非常重要,通过对病猪的剖检,观察各器官组织有无病变或病变的种类、程度等。剖检要由专业人员采取正确方法进行,并对尸体进行无害化处理。如果剖检条件不具备,就不可进行,以免造成疾病的进一步扩散。以下是对剖检步骤的简单介绍。

首先,在剖检前需要将死亡的猪仰卧固定,将猪的四肢扶正,从后腹部开始剖检。

6.1.3.1　膀胱检查

将膀胱内的尿液放空,翻卷膀胱,查看膀胱是否有出血的情况,如有出血点,可以诊断为猪瘟。

6.1.3.2　腹腔部位检查

将盲肠小心剪开,在回肠和盲肠的交界处,查看是否有一个"肉片",这个肉片的作用是为避免肠内容物返流。

6.1.3.3　脾脏检查

主要是针对一些发热性疾病,如果死猪在生前有这方面的疾病,其脾脏都会出现肿大、发黑的情况。进行肠部检查还可以发现有肠鼓气现象,表面伴有充血情况。对其腹腔背侧进行检测,如果是刚死亡的猪,打开腹腔温度过高,可能有生前发热的现象,如果脾脏、肝脏的边缘有坏死的情况,则表明猪有肝损伤的现象。对没有任何突发情况就出现死亡,其肝脏和脾脏检查没有明显异常,则表明可能是慢性疾病发作导致的死亡。

6.1.3.4　肺脏检查

需要切开胸腔,发现其肺部出现病变,根据侵害肺部的范围不同,可以分为大叶性、小叶性及全叶性疾病。正常的肺切下来放在水中会悬浮在表面,但是肺部有问题的猪,其肺叶上浮,可以判断为肺病的初期,肺叶下沉,则是肺病的后期。剖检时发现肺脏出现和胸腔内壁粘连的情况,就是有陈旧性肺炎病灶,需要对器官、喉头进行检查,判断是否存在支气管炎症、喉头水肿等,具体判断是否感染猪肺疫。根据淋巴结的情况,进一步判断有无炎症。如果切开颈部的淋巴结,发现其中有豆腐渣样,则有可能是患有链球菌病。

二维码 6-1　猪尸体剖检技术
(科技帮扶宝坻生猪团队
李志、付永利、于海霞录制)

6.1.3.5　心脏检查

主要是观察是否有"虎斑心",这种病主要是由于口蹄疫病毒的侵害,使得猪患上心肌炎,对仔猪的危害特别大。实验室剖检可以很明显地观察到心脏的横纹肌呈现束状。病毒是从心脏的某一个小区域进行侵害,随后对这一束的横纹肌开始侵害。如严重,心脏会有一定程度的脓性变化。

6.1.4　繁殖障碍性疾病的危害

6.1.4.1　影响母猪发情质量

母猪在繁殖年龄内数月不发情或发情周期紊乱,如到了配种年龄的后备母猪不发情,断奶后母猪较长时期不发情。

6.1.4.2　损害妊娠和胎儿发育

适龄母猪屡配不孕,或妊娠母猪发生流产、死胎、木乃伊胎或产仔数明显减少。母猪流产前多无临床表现,少数有短时体温升高、食欲减退等症状,但能很快自行恢复。怀孕母猪妊娠期正常或推迟,产前胎动减弱或无胎动,产仔过程中同时出现活仔和死胎,或全部是死胎,一般分娩较顺利。部分母猪在妊娠早期,胚胎感染死亡后被母体吸收,致使产仔数减少,一般产仔数在5头以下。

6.1.4.3　影响泌乳功能

母猪在分娩时或分娩后数小时内出现呼吸急促、发热,乳房肿胀发硬,挤不出乳汁,拒绝哺乳等症状,呈现无乳综合征。

6.1.4.4　影响仔猪健康和生长速度

母猪产下的仔猪部分或全部生活力减弱,不愿哺乳或拱奶无力,震颤或站立不稳,部分腹泻,体温正常或稍低,常于出生后1～3 d内死亡。

6.1.5　母猪繁殖障碍性疾病综合防控措施

家畜繁殖主要受到人类活动的控制,良好的管理工作应建立在对整个畜群或个体繁殖能力全面了解的基础上,饲养、运动、调教、休息、厩舍卫生设施和交配制度等,均影响家畜繁殖力。管理不善,不但会使一些家畜的繁殖力降低,也可能造成不育。

6.1.5.1　严把引种检疫关

为更好地预防各类猪病的发生,从引种检疫的角度分析,所有引进种猪均应由无疫区提供,并且半年内无一类、二类传染病发生的种猪场。不应选择不同的猪场或猪群引种,需由特定猪场的健康猪群提供引进猪只,并且引种前必须详细了解该猪场猪群的健康状况,尽量满足如下3个条件:①确定有可靠的免疫程序;②有良好的供应历史;③保证没有特定的传染病。在后备母猪选择时,应优先选择具备完整系谱,无病史,且亲本1年内无繁殖障碍性疾病病史,繁殖障碍疫病相关病原检测结果显示为阴性的猪只。引种后还应进行隔离观察2～3个月,检疫合格后才可与原猪群合群。

若异地引种一定要到动物防疫监督机构办理检疫审批手续,引种前要认真了解供种单位的免疫程序和疫情情况,严禁到疫区引种。引进后经当地动物防疫监督机构检疫合格,隔离观察2～3个月,检疫合格且接种有关疫苗产生免疫力后方可入场饲养。

6.1.5.2　落实生物安全

生物性安全防疫在养猪业上尤为重要,主要是指采取预防措施,减少从外界带来疫病的危险性,目的在于保持猪群的高生产性能,发挥最大的经济效益。针对疫病发生的3个基本要素,即病原体、易感动物及环境之间复杂的联系和相互作用,采取相应的生物性安全防疫措施,从而防止或减少猪群疫病的发生。导致疫病传播的危险因素主要有猪只之间的身体接触、粪尿接触、空间共享以及猪场选址、动物传播媒介、猪场工作人员、参观者、猪场水源和运输工具等。

饲养者要对猪圈进行定期的消毒、驱虫、灭鼠等工作,同时也不能养犬猫等宠物。对于流产的胎儿及胎衣要进行深埋无害化处理,除此之外,还要进行一次彻底的消毒工作。由于一般的消毒剂对圆环病毒无效,所以应选用含有戊二醛的消毒剂。

在生猪养殖过程中,养殖者应严格执行各项防疫标准制度,实施封闭式饲养管理和三级消毒制度,拒绝外来车辆及人员的到访,具体内容如下:①所有非生产人员和车辆均不允许进入饲养区,并且生产工具和车辆在进入及离开饲养区时,应进行严格的消毒处理;②加强生产区内的物流及人流管理;③生产区内的饲养人员应坚守个人岗位,禁止出现串舍行为,同时饲养人员应认真观察猪群情况,发现异常时应及时报告并记录;④运猪车辆(含司机)在消毒处理后,仅能在装猪指定位置停靠,同时注意避免与装猪台的直接或间接接触;⑤针对病猪或死猪的解剖检查禁止在生产区内进行,应使用专用车辆送至隔离室进行操作;⑥生产区内应定期进行相应的杀虫、灭鼠清理,以控制疫病的传播。

另外,养殖人员应做好全面的定期消毒工作。消毒作业应综合场区实际消毒需求选择科学的消毒方式和消毒药剂,以确保消毒彻底、有效。消毒范围应尽量广泛,其中猪舍、主要活动场所、排污沟区,以及饲喂器具必须进行彻底的消毒。

6.1.5.3　做好猪场健康监测

健康监测就是通过对假定健康群体进行综合检查,找出各种隐患和携带病原体的个体,然后有针对性地调整全场猪群的饲养管理制度和免疫预防措施。健康监测的途径主要是临床检测、病原检测及抗体检测。

目前,养猪场健康监测的目标重点主要是集中解决一些繁殖障碍性疾病、多病因性疾病和隐性感染性疾病的感染和流行问题。

日常饲养时,饲养员应对自己饲养的猪群随时观察,如发现异常,及时向兽医或技术员汇报。猪场技术员和兽医每天至少巡视猪群2~3次,并经常与饲养员取得联系,互通信息,以掌握猪群动态。在观察猪群时要认真、细致,掌握观察技巧、时机和方法。生产上可采用"3看",即平时看精神,饲喂看食欲,清扫看粪便。并应考虑猪的年龄、性别、生理阶段、季节、温度、空气等,有重点、有目的地进行观察。如发现有异常,应及时分析,查明原因,尽早采取措施。

特定的品种或杂交组合,要求特定的饲养管理水平,表现特定的生产水平,通过测量统计,可了解饲养管理水平是否适宜,猪群的健康是否处于最佳状态。猪群所表现的生产力水平的高低更是反映饲养管理水平和健康状况的晴雨表。

6.1.5.4　科学制定猪场免疫程序

强化防疫制度,建立科学的免疫程序,饲养者首先应了解当地疫病的感染情况,猪群的免疫状态,针对本场制定出免疫程序。制定免疫程序时应掌握以下原则:①最科学的免疫应该是先建立严格的抗体监测制度,并依据监测结果制定免疫程序,且定期修订;②尽量避免怀孕期(尤其是怀孕后期)注射活疫苗;③不随意加大、改变既定的免疫剂量;④不随意引入各类新疫苗,必须引入时应先进行小规模试验,确证其安全性及免疫效果后再编入免疫程序。

对于预防繁殖障碍性疫病免疫效果好的疫苗,尤其是猪瘟、猪伪狂犬、细小病毒、乙脑等疫苗,一定要按合理的、规范化的免疫程序进行接种,加强免疫一次效果更佳。接种疫苗时注意如下细节及操作规程。

(1) 使用正规生物制品厂家生产的疫苗。

(2) 根据疫苗的性质、保存条件,严格按照产品说明书的要求对疫苗和稀释液进行保管、运输和使用。

(3) 疫苗使用前应检查其名称、厂家、批号、有效期、物理性状、贮存条件等是否与说明书相符。明确其使用方法,对过期、瓶塞松动、无批号、油乳剂破乳、失真空、颜色异常或不明来源的疫苗应禁止使用。

(4) 使用前对猪群的健康状况进行认真检查,发病及体质虚弱的动物不宜接种。

(5) 根据产品说明书的要求,采取正确的免疫途径,准确计算疫苗使用量。

(6) 疫苗一经开封,必须一次性使用完毕,严禁用热水、温水及含有消毒制剂的水稀释。

(7) 采用注射接种时,选用的针头大小应合适,做到一猪一针头,避免交叉感染。注射部位应用碘酊、酒精消毒,并防止消毒剂渗入针头或针管内,以免影响疫苗活性。

(8) 疫苗接种前、后各一周内,严禁使用抗病毒药物或抗生素。在猪群免疫后10～14 d,定期监测猪群伪狂犬病、蓝耳病、猪瘟、细小病毒病等,检测血清抗体的消长情况。针对传染病的检疫,严格淘汰血清阳性个体,保证本场的清净无疫。怀孕母猪接种疫苗后,新生仔猪可以通过吃初乳获得母源抗体。

同时,规模猪场应每年至少进行二次免疫监测,以便随时了解和掌握本场猪相关抗体水平,确定免疫时间,适时进行预防接种。测定仔猪体内的母源抗体量,可了解仔猪的免疫状态,以确定仔猪何时再接种疫苗。

6.1.5.5　注重营养需求

适当的营养水平对维持内分泌系统的正常机能是必要的,营养水平影响内分泌腺体对激素的合成、释放。若饲料品质低或保管不善、发霉变质,产生霉菌毒素如玉米赤霉烯酮等,容易引起早期胚胎死亡或长期不发情、假妊娠等。猪用蛋白质仅 3% 的低营养水平或仅给予碳水化合物饲料时,其垂体前叶细胞出现病变,细胞核坏死,细胞质出现空泡化。蛋白质不足可降低猪 FSH、LH 分泌量。

高能量水平饲养的青年母猪,在性成熟、体重、排卵数和窝产仔数方面均超过低能量水平饲养的青年母猪,但胚胎死亡率较高,因此,做好后备母猪的饲养管理工作可以最大限度地使其遗传力得以发挥。

首先,在饲养后备母猪时要注意区别于饲喂育肥猪,因养殖目的不同,所用的饲料也存在差异。后备母猪一般采取小群饲养,主要饲喂含全价蛋白质和氨基酸平衡的饲料,以促进后备母猪更好的发育,需要控制好后备母猪的体重,体重在 60 kg 以下不限饲,可适当地饲喂一些优质的青绿饲料,体重在 60 kg 以上则需要根据母猪的膘情合理地调整饲喂。尤其要注意对于体质较瘦的母猪在初配前的 10～14 d 实施短期优饲,促进后备母猪发情排卵。

6.1.5.6 关注环境和猪只福利

猪场环境可分为周围环境和场内环境两方面,良好的猪场环境对于猪只饲养是尤为有利的。首先周围环境,合理的绿化不仅可以美化环境、净化空气,也可防暑、防寒、改善小气候。其次场内的环境,为猪群创造适宜的生活和生产环境,可通过猪舍的合理设计来完成。温度、湿度、通风、光照等因素综合形成猪舍的气候环境,设计猪舍必须充分考虑这些因素,任何环节出现问题,都会给猪舍环境带来干扰,对猪群产生不良应激,从而影响猪群的生长发育和对疾病的易感性。

20 世纪 90 年代以后(最早在 18 世纪初欧洲学者即率先提出了动物福利的原始概念),世界上已有 100 多个国家开始高度重视动物福利,颁布《动物福利法》,我国的《中华人民共和国畜牧法》中也明确地提出了动物福利的相关条款,自此以后动物福利越来越受到各方面的重视。养猪人致力于为猪只提供良好的环境条件、全价饲料和各项福利待遇,以促进其健康生长和发育。对于猪只福利,可按照母猪不同阶段,给予不同的管理方式。

(1)配种期母猪:对于能繁母猪群,除了注意在品种上选择高产母猪,还要注意控制好群体的胎次结构组成,需要及时地淘汰繁殖性能低下、年老衰弱的母猪,同时补充一定比例的后备母猪。加强日常的管理,做好环境的控制工作,尤其要注意高温对母猪的影响作用,要避免热应激对母猪繁殖性能的影响。给母猪提供一个温湿度适宜、清洁卫生的养殖环境。对于配种期母猪要进行科学合理的饲喂。维持母猪中等偏上的体况即可,根据母猪实际体况合理饲喂。对于体况过肥的母猪应控制饲喂,避免母猪过肥,否则会影响正常的发情排卵,导致配种受胎率下降。对于过瘦的母猪,则应采取短期优饲的养殖方法,加料增膘,以增加生殖系统机能。为了促进配种期母猪发情排卵,可以使用公猪诱情、激素催情等方式诱导母猪发情。

(2)妊娠期母猪:能繁母猪在妊娠期的任务是保证胎儿正常的生长发育,并能够顺利地将胎儿产出,确保活仔数量。因此,妊娠期重点是要做好保胎的工作。注意夏季要保持母猪舍温度适宜,防止发生热应激,妊娠母猪要注意避免发生剧烈的运动,以免发生流产和死胎。在营养的供应上要注意遵循前低后高的原则,在妊娠初期严禁饲喂高能量饲料,否则会影响胚胎的发育。在后期由于胎儿生长发育迅速,体重增加,并且为了产后泌乳做好能量的储备,需要加强饲喂。

(3)临产期母猪:母猪在产前需要适当减料,一般按照日粮的10%～20%减少精料的饲喂量,必要时可以加入适量的麦麸,防止发生便秘。在生产前一天,则停止喂料,但是不能停水。母猪需要提前转入产房,让其熟悉新的环境,并做好临产前的观察工作,以做好接产准备,尽可能不过多地干预母猪分娩,让其自行产仔,工作人员做好观察工作,发现难产则应及时地科学助产,以免发生胎儿死亡、母猪损伤等现象。

(4)哺乳期母猪:母猪在产后即进入哺乳期,产后母猪重点要做好产后修复工作,以使母猪的体能和繁殖性能得以快速恢复,顺利进入下一个生产周期。母猪在产后身体虚弱,消化系统还未恢复,不宜立即喂料,先让其饮用麸皮红糖水,在第二天开始饲喂易于消化的粥状料,以后逐渐地增加饲喂量,一直到恢复正常饲喂量为止。如果短期内过快恢复母猪的饲喂量易引发乳房炎等其他疾病,对母猪和仔猪的健康都不利。待母猪正常采食后需要保证足够的饲料,同时提供充足的饮水和优质的青绿饲料,以提高产奶量,使哺乳母猪不失重过多,确保仔猪的生长发育和母猪断奶后的正常发情排卵。

6.1.5.7　提高饲养管理的科学性

猪只的饲养有连续饲养、隔离饲养和全进全出等方式。"连续饲养"是在一栋猪舍饲养几批年龄不同的猪群,转群或出售时不能一次全部调出,新猪群调入时部分猪舍仍留有尚未调走的猪群,这样容易造成各种慢性传染病的循环感染。"隔离饲养"又称多隔离点生产,是国外商品猪生产中用的越来越多的一种健康管理系统,这种系统的基础是将处于生命周期不同阶段的猪养在不同的地方。多点养猪时,生产过程划分为配种、妊娠和分娩期、保育期、育肥期。可将这些处于不同阶段的猪放在 3 个分开的地方饲养,距离在 500 m 以上。也可采用两点系统,即配种、妊娠和分娩在另一个地方,保育猪和育肥猪在一个地方。采用这一方法宜采用早期断乳(10～20 日龄),并在每次搬迁隔离前对猪群进行检测,清除病猪和可疑病猪。

通过科学的饲养管理,优化猪群体质,提高猪群疫病抵抗力,可以更好地预防猪群繁殖障碍性疾病的发生。同时,加强饲养管理,更是保证动物正常繁殖能力的基础。

母畜的发情和排卵是通过内分泌途径由生殖激素调控的,而这些激素都与蛋白质和类固醇有关。当母畜营养不良时,下丘脑和垂体的分泌活动就会受到影响,性腺机能就会减退。因此,养殖人员应根据种畜的品种、类型、年龄、生理状态、生产性能等,优化猪群饲料管理并合理搭配,日粮中要添加适量维生素和微量元素,促进猪只健康生长,以保证营养;拒绝饲喂过期、变质饲料,以控制各类应激因素。

饲养员应科学地确定猪群饲养密度,根据环境温度变化,控制猪舍养殖条件。创造良好养猪环境和生产条件,保持猪舍清洁舒适,做到通风良好,高温季节要做好通风降温工作,严寒季节要做好防冻保暖工作。适当避开高温季节配种,可提高受胎率和窝产仔数。

实际生产中,要合理组群,淘汰先天性不育个体,减少疾病发生,维持正常的繁殖功能,提高繁殖率。

6.2 部分常见疾病及防治

6.2.1 猪口蹄疫

口蹄疫俗名"口疮""蹄癀",是由口蹄疫病毒引起的偶蹄动物的一种急性、热性、高度接触性传染病。该病的特征为口腔黏膜、蹄部和乳房皮肤发生水疱。

(1)临床症状:以蹄冠、蹄踵、副蹄及趾间等处病变多见(图6-12),口腔病变比较少见,有时在鼻吻发生水疱(图6-13)。仔猪常因严重的胃肠炎和心肌炎而死亡。剖检后,胃和大肠、小肠黏膜可见出血性炎症,肺脏表面有弥散性出血(图6-14),心包膜有弥散性及点状出血(图6-15),心肌切面有灰白色或淡黄色斑点或条纹,称为"虎斑心"。

(2)防治:平时要积极预防,加强检疫,要定期注射口蹄疫灭活苗,并定期检查抗体水平。同时要加强防疫工作,积极联合相关部门进行联防协作,采取综合性防治措施。

图6-12 蹄冠、蹄踵溃烂

图6-13 鼻盘有水疱

图 6-14　肺脏表面弥散性出血

图 6-15　心肌及心内膜出血

6.2.2　仔猪副伤寒

猪副伤寒又称猪沙门氏菌病,是仔猪常见的一种消化道传染病。其特征为肠道发生坏死性肠炎,呈现严重下痢,给养猪业带来严重损失。

(1)临床症状:潜伏期 3～30 d。可分为急性、亚急性和慢性 3 型。

①急性型　呈败血症经过者较少。病猪体温升高到 41～42 ℃,精神沉郁,食欲减退或废绝,初便秘后下痢,粪呈淡黄色,恶臭,有时带血,有腹痛症状。病猪结膜发炎,可见颈部、胸下、腹部、耳尖、尾尖、鼻端和四肢下端等处皮肤呈紫红色后变蓝色,病程 2～4 d,多因心力衰竭而死亡,未死者可转为亚急性或慢性。

②亚急性型　症状较急性型轻,呈间歇热,食欲不振,爱喝水,下痢和便秘交替发生。病猪逐渐消瘦,往往因心脏衰弱,发生肺水肿,出现咳嗽和呼吸困难。耳尖、四肢、胸腹部皮肤变成暗紫红色。病程可达 2 周以上,未死者转为慢性。

③慢性型　最为多见。病初症状不明显,体温轻微升高或正常,食欲不振,呈现周期性下痢,粪呈淡黄色、黄褐或淡绿色,有恶臭,混有血液和假膜。有的有慢性肺炎,不断咳嗽,皮肤上有痘样疹。病程常延至数周。未死者生长发育受阻,成为“僵猪”。

(2)防治:增强猪的抗病能力,改善饲养管理和卫生条件,定期预防注射猪副伤寒疫苗。当发生本病时,应立即隔离病猪早期治疗,以下为部分疗法可供参考。

①抗生素疗法　氯霉素按每千克体重 10～30 mg,每日 1～2 次肌内注射;土霉素按每千克体重 10～30 mg,每日 1～2 次,肌内或静脉注射。

②化学药物疗法　磺胺类药和呋喃类药均可选用。磺胺脒按每日每千克体重 0.4～0.6 g,分为 2～4 次内服,连服 5 d,给药期间要多给饮水。呋喃唑酮(痢特灵),按每日每千克体重 10 mg,分 2 次内服,连服 5 d,未见效果时,可停药 3 d 后,再用一个疗程。

③中草药治疗　可试用香连散即青木香、白头翁、苍术、车前子各 6 g,地榆炭 9 g,烧枣 5 个,共为细末,拌在食里,一次喂完。此外,将大蒜 4 两,加白酒 1 斤,浸泡 1 周,成大蒜酊,按猪的大小每次内服 5～10 mg,每日 2～3 次,连服 3～4 d。也可将大蒜捣成蒜汁后喂服。

6.2.3　猪传染性胃肠炎

猪传染性胃肠炎是由病毒引起的一种以腹泻、呕吐为特征的肠道传染病。大小猪都可发生,但以 2 周内的哺乳仔猪死亡率高。

(1)临床症状:潜伏期短的为 12～18 h,一般为 1～8 d,多数病例为 2～4 d。仔猪感染本病,一般体温不高,有的初期出现轻热。病猪精神不振,食欲减退,最先出现呕吐,随后剧烈腹泻(图 6-16),粪便初为灰白色,随后变黄或带绿色,常杂有未消化的乳凝块或混有血液。病猪迅速脱水,体重减轻,有的在 12 h 可失重 25%,很快消瘦,一般经 5～7 d 死亡,也有 48 h 死亡者,5 日龄以内的仔猪死亡率可达 100%。随着年龄的增长,死亡率逐渐降低,年龄较大的猪常能自愈,很少死亡。但耐过本病的仔猪,多发育不良,成为"僵猪"。成年猪或哺乳母猪感染后,多无明显症状,有的表现病初轻热,厌食,呕吐,腹泻(图 6-17),泌乳停止和体重迅速减轻等(图 6-18),极少死亡,一般 3～10 d 痊愈。

(2)防治:为防止本病传入,不从有病地区引进猪只,一旦发生本病,要立即严密消毒和隔离病猪。对临产母猪应放在消毒过的猪圈内分娩,若哺乳母猪未受感染,则可将全窝仔猪隔离到安全地区。本病至今尚未找到理想的免疫方法。母猪通过胃肠道以外的途径接种弱毒,可产生循环抗体,母猪可通过奶汁中的抗体使哺乳仔猪被动免疫。治疗本病目前尚无有效药物,但使用四环素类、磺胺类和呋喃类药物则可防止继发感染,缩短病程,促进痊愈。

图 6-16　腹泻

图 6-17　母猪腹泻

图 6-18　消瘦,糊状腹泻

6.2.4　猪流行性感冒

猪流行性感冒是猪的一种急性、高度接触性传染病。其特征为突然发病,迅速蔓延全群,主要症状为上呼吸道炎症。

(1)临床症状:潜伏期 2～7 d。突然发病,常在 1～3 d 全群暴发。病猪体温升高到 40～41.5 ℃,精神沉郁,食欲减退或不食,肌肉疼痛,不愿站立,呼吸加快,伴有咳嗽,眼和鼻有黏性液体流出。

(2)防治:本病尚无有效疫苗预防,治疗也无特效药物,需对症治疗,可根据病情,适当应用解毒、强心、止咳、健胃等药物。同时要搞好饲养管理,避免猪群拥挤,注意防寒保暖,保持猪圈清洁干燥,定期驱除猪肺丝虫等。

思考题

1. 我国母猪主要病毒性繁殖障碍性疾病有哪些？
2. 母猪繁殖障碍性疾病如何防控？
3. 母猪生理性繁殖障碍主要有哪些？
4. 母猪繁殖障碍性疾病的种类有哪些？
5. 母猪繁殖障碍性疾病的危害是什么？

第7章

母猪批次生产关键技术

【本章提要】批次生产的核心技术是调控母猪性周期同步化、卵泡发育同步化、配种同步化与分娩同步化,对母猪发情、配种、分娩时机的相对精准掌控是成功的关键。性周期与卵泡发育同步化可通过定时输精技术程序实现。分娩同步化可通过对妊娠期满母猪进行诱导分娩实现。本章将详细阐述同期发情、定时输精和同期分娩技术。

7.1　母猪批次生产的关键环节

母猪批次生产的几个关键环节,对于已经设计好批次生产方案的猪场来说,怎么使方案落地实施是至关重要的。

7.1.1　母猪批次生产介绍

7.1.1.1　母猪批次生产定义

母猪批次生产是根据养猪场产房、配种妊娠栏舍、种源基础及技术和人力等资源条件按批次进行母猪分群,按计划补充后备母猪,并利用生物技术,实现同批母猪同期配种和同期分娩,是一种高效可控的管理体系。其突出优势是可实现猪场的"全进全出",有效阻断病原微生物在不同猪群间的传播,最大化提高养猪生产效率和经济效益。广义的批次生产包含母猪、公猪、肉猪的批次生产。批次生产指的是在集中的时间内完成固定的生产工作,且间隔分明有规则,实现同一批次母猪"全进全出"且集中在一个时间断奶、配种和分娩的猪场高效管理体系。

7.1.1.2　母猪批次生产分类

1. 简式母猪批次生产

对于后备母猪,通过饲喂烯丙孕素延长母猪的黄体期,停药后母猪集中启动卵泡发育,从而使母猪发情同步化,配种同步化,分娩同步化,从而实现批次生产。对于经产母猪,通过断奶前1天开始饲喂烯丙孕素延长母猪的黄体期,或者通过同时断奶从而使停药后的母猪或断奶后的母猪集中启动卵泡发育,从而使母猪发情同步化,配种同步化,分娩同步化,从而实现批次生产。

2. 精准母猪批次生产

除了采用饲喂烯丙孕素外,在母猪停喂烯丙孕素后或者经产母猪断奶后,进一步使用血促性素、戈那瑞林等促进卵泡发育和排卵的外源性激素,对母猪的发情节律进行精准调控,从而实现母猪发情同步化、配种同步化、分娩同步化,从而达成批次生产。

7.1.1.3 母猪批次生产中使用的生殖激素

1. 烯丙孕素

烯丙孕素对于调控后备母猪性周期同步化具有重要作用,是母猪批次生产的关键药物之一。烯丙孕素最初由英特威公司开发,用于母猪和母马的同期发情调控,此外还可提高母猪分娩率,防止母猪早产、断奶后背膘过厚,增加仔猪初生体重、仔猪数量,减少木乃伊胎等。宁波三生生物科技有限公司与中国农业大学合作研发,于2018年2月首次获得烯丙孕素国家二类新兽药证书。随后,宁波第二激素厂、北京市科益丰生物技术发展有限公司、杭州裕美生物科技有限公司等多家单位的产品相继获得国家二类新兽药证书。

烯丙孕素(又名四烯雌酮)是一种合成的三烯C21甾类孕激素,属于19-去甲睾酮类。它是一种口服有活性(正向)的孕激素。烯丙孕素具有天然孕激素的活性,可用来促使后备母猪性周期同步化。母猪口服烯丙孕素14 d以上,相当于使母猪处于性周期的黄体期,抑制了母猪发情。停喂之后,母猪便同时开始重新启动性周期,从而消除了不同母猪发情的个体差异性,使猪群处于相同繁殖生理状态,达到使母猪性周期同步化的效果。烯丙孕素除了孕激素活性外,还有少量雌激素作用,能促进子宫发育,增加子宫容积,有利于提高产仔数。

2. 血促性素

孕马血清促性腺激素是在妊娠母马血清中发现的一种激素,在妊娠马属动物(驴、斑马等)均有产生。PMSG具有类似FSH和LH的双重活性,但以FSH的作用为主。PMSG有着明显的促卵泡发育的作用,同时有一定的促排卵和黄体形成的功能,在畜牧业中被广泛地应用于母畜的发情排卵调控。生产中可以通过肌内注射PMSG调控母猪的卵泡发育同步化。

3. 戈那瑞林及类似物

戈那瑞林(GnRH)是合成的十肽,和哺乳动物天然的促性腺激素释放激素(GnRH)的化学结构相同。其作用机理是刺激垂体LH和FSH的合成与释放。

在对所有动物的研究中发现,GnRH 的经非肠胃给药可以显著提高血浆中 LH 和 FSH 的水平含量。推荐的给药方式为肌内注射,剂量范围在 0.1~0.5 mg/头,其立即引起血浆中 LH 和 FSH 水平的升高,LH 峰在生理排卵峰的范围内。主要用于促进母猪排卵,提高产仔数,在母猪中,在开始发情后使用,排卵常发生在注射后 35 h。

4. 前列腺素类似物

氯前列醇(钠)是前列腺素 F2α 的合成外消旋类似物,通常这两种对映异构体的 D-氯前列烯醇和 L-氯前列烯醇的外消旋混合物是由化学合成得到的。D-氯前列醇可被分离纯化。氯前列烯醇和纯的 D-氯前列烯醇均可用于兽药产品。具有溶解功能性和结构性黄体的作用,在母猪中,该药能溶解妊娠黄体,但只能作用于第 12~15 天的性周期黄体,主要用于诱导分娩和引产,产后使用也可促进子宫复旧。

5. 缩宫素或卡贝缩宫素

缩宫素是母猪内源性激素,由下丘脑视上核和室旁核的神经细胞合成,由细胞轴突一直延伸至垂体后叶分泌。以神经反射性调节为主,在交配或临产时,子宫颈受压或牵拉促进催产素分泌。引起子宫收缩,这是常规输精压背等刺激的原因。仔畜对母畜的味觉和视觉刺激以及对乳头的吸吮活动也刺激催产素分泌。

卡贝缩宫素作为缩宫素的合成类似物,通过选择性结合到子宫平滑肌纤维上的特异性受体,引起子宫节律性收缩,增加其频率和张力,作用较缩宫素更强。该药物有助于缩短母猪产程和产仔间隔,是母猪批次生产中非常有前景的同期分娩关键药物。

6. 公猪气味剂

猪是哺乳动物中拥有最多嗅觉受体的物种之一,其对气味的感知程度优于大多数哺乳动物。生产上利用这一生理特性使用公猪进行查情诱情,当公猪见到母猪时会分泌大量唾液,唾液中含有的信息素通过挥发,刺激母猪发情。公猪气味剂主要由雄烯酮、雄烯醇和喹啉等动物的信息素成分构成,气味剂通过空气传播到达母猪鼻腔内与 MOE 中的嗅觉受体结合,刺激下丘脑神经元释放 GnRH,GnRH 神经元是哺乳动物生殖神经内分泌状态的主要调节因子,能够对空气中信息素信号进行处理,GnRH 调控垂体分泌 LH 和 FSH,最终控制母猪生殖周期和性行为,完成下丘脑-垂体-卵巢的调控作用机制,进而刺激母猪发情。

7. 血促性素和绒促性素复方制剂

其由 400 IU 孕马血清促性腺激素或称血促性素(PMSG)与 200 IU 人绒毛膜促性腺激素或称绒促性素(hCG)组成。其中 PMSG 的作用类似于 FSH,它可以刺激卵巢卵泡发育到成熟,使母畜体内雌激素水平升高,并表现出发情(即可诱导母畜发情);hCG 的作用类似于 LH,它能使卵巢上成熟的卵泡排卵(即诱导排卵),促进黄体形成(维持妊娠)。其用于诱导母猪发情,通常给药处理后 3 d 即可发情。

7.1.1.4 输精

1. 精液的选择与来源

目前母猪场精液来源主要有两种途径,一种是自己场内公猪采集,另一种是外购商品精液,包括鲜精和冻精。

(1)猪场内供精是指自繁自养的母猪场,自己饲养公猪,自己场内采集精液。

(2)种公猪站社会化供精。随着人工授精技术的日益成熟与完善,种公猪站也应运而生。种公猪站是以生产商品精液为目的,为社会提供精液,以扩大优秀种公猪的利用,加速地区猪种的改良。20 世纪 90 年代在美国,种公猪站作为一个独立部门应运而生,这不仅是美国养猪业的丰碑,更是世界养猪史上的巨大突破。调查显示,2008 年美国有猪人工授精站约 120 家,种公猪存栏量近 2 万头,常见规模种公猪为 100~500 头。目前,世界各国均有种公猪的建设。

种公猪站的选择:种公猪站的选择应当考虑公猪站信誉口碑,公猪品种,供精能力,精液质量,地理位置等综合因素,从而选择最适合自己猪场的种公猪站合作。

公猪站规模:种公猪站要求存栏采精种公猪不能少于 30 头(对于一些边远山区要按照实际情况区别对待);饲养种猪的品种应符合当地生猪改良规划和要求,种公猪必须来源于取得省级《种畜禽生产经营许可证》的原种猪场,具有三代以上完整系谱和性能测定记录,遗传评估优良,符合种用要求;种公猪健康无病;种公猪提供的常温精液质量符合国家标准规定。

公猪站内外环境估评:选址适宜,布局合理,符合国家相关规定。场地的选择是建设好一个猪场的前提和重要保证。在满足《中华人民共和国动物防疫法》前提下,科学地选择场地,对猪场生物安全意义重大,需满足以下条件:①距离铁路、公路、城镇和居民区、学校、医院等公共场所 1 000 m 以上;②距离其他畜禽养殖场或者养殖小区 1 000 m 以上;③距离畜禽屠宰场、畜禽产品加工厂、畜禽交易市场、垃圾及污水处理场所等区域 2 000 m 以上;④优先考虑上行风向。

公猪站总体布局上应坚持将养殖区、精液生产区与生活区分开,隔离圈舍与养殖区分开,净道与污道分开,雨水与污水分开排放的原则。

种公猪站应按照主风向从上风向开始建设生活区、精液生产区、种猪饲养区、隔离区。生活区和生产区之间要设置安全消毒通道,确保养殖安全。

公猪栏公猪应单栏饲养。每头占栏面积 8~10 m²,栏内地面要求防滑。

采精室可采用圈内设采精台、设置人员安全隔离栏,采精栏紧靠精液处理室,通过出口直接将精液传送至精液处理室。

隔离舍应远离生产区至少 300 m 以上,且栏位数应与引种计划匹配。隔离期包括观察期和适应期,最短周期为 30 d。观察 1 周,适应期 2 周,清洗消毒 1 周。

以此来达到获得免疫和适应猪场微生物环境的目的。隔离舍还应配有专门的靴子和生产工具,以备生病的猪只用于隔离治疗。

公猪站管理水平:种公猪站所饲养种公猪的好坏直接影响所生产精液产品的质量及其商品性,并对一定地区内养猪业发展及当地猪种遗传改良有重要作用,必须得到高度重视。

①品种 种公猪站所饲养的种公猪品种应以长白猪、大白猪、杜洛克猪为主,可兼有培育品种、配套系品种和地方优良品种。

②种公猪的引进 种公猪应来源于取得省级《种畜禽生产经营许可证》的原种猪场。公猪应具有完整的性能测定记录及亲本性能记录,公猪外貌特征、繁殖特性、生长发育等均应符合本品种要求;还应具有种畜禽合格证、三代系谱证明、检疫合格证等;种公猪健康,无国家规定的一类、二类传染病。运输途中尽量减少公猪的应激,运回后应在隔离舍至少隔离2个月,对其进行观察,确保无病后方可合群。

③种公猪饲养 种公猪饲养水平的好坏直接影响所生产商品精液品质,同时对母猪受胎率也有重要影响。公猪饲养得好,不仅每次采精稀释的头份会增加,增加公猪站经营效益,同时商品精液死精、畸形精子比较少,提高养猪户母猪受胎率和产仔数的同时,也可以扩大公猪站的影响力。因此,种公猪站必须做好公猪的饲养管理。

种公猪应饲喂营养全面的日粮。保证日粮中蛋白质优质,维生素和矿物元素足够,保持充足饮水,有条件可以搭配饲喂青绿饲料。成年公猪每天日粮饲喂2.5 kg左右,粗蛋白质水平以14%～16%为宜。后备公猪饲喂量可稍增加,蛋白质水平适当提高。

公猪采用单栏饲养。这样既可以避免公猪之间打架,也可防止公猪相互爬跨,形成自淫的恶习。猪舍空间足够,圈舍一般要求不低于10 m²,以供公猪活动休息。

保持圈舍和猪体的清洁卫生。每天按时对猪舍进行清扫,每周对猪舍进行消毒,主要圈舍通风。夏季按时对猪体清洗刷拭,按时对公猪修整蹄甲。

合理运动。运动不仅有助于公猪消化,而且可以提高公猪体质,保证精液品质,适当的运动对于种公猪是必不可少的。种公猪每天应进行驱赶运动,但由于公猪站饲养公猪数量多,可以安排每头猪轮流进行驱赶运动。每次行程2 km,夏季在早晚凉爽时,冬季在中午天气温和时。后备公猪要保证每天都有一定运动,防止过肥过胖,影响采精。

适宜的环境条件。夏季高温,公猪遭受热应激,精液品质会明显降低。公猪适宜生活温度为15 ℃。当环境温度高于30 ℃时,公猪精液品质就会下降,因此夏季一定要做好防暑工作。防暑可采用通风、遮阴、洗澡等措施。猪对低温有一定防御能力,但温度过低也不利于精子生成,在冬季寒冷的地区应注意防寒保温。

卫生防疫。合理的免疫防疫能让公猪更健康,从而确保精液品质,公猪需要按免疫方案按时进行免疫;按时驱虫。

2. 精液病原微生物检测

近年来,随着人工授精技术的普及,携带各种病原的种公猪精液可能被输送到多个猪场而引起大量传播,导致疫病的暴发流行。因此,应加强种公猪精液的监管,建立一套详细的疫病监测和种猪净化措施。在对猪特别是种猪进行人工授精时要对主要的几种疫病进行检测,避免授精的同时也将病原扩散出去。研究表明,从猪精液检测病原的情况来看,无论发病猪场还是未发病猪场,都可以从猪精液中检测到猪瘟、猪圆环病毒等多种病原,而且发病猪采集的精液中病原检出率明显高于未发病猪场,如发病猪场精液中 PRRSV 的检出率为 50.0%,而未发病猪场猪精液中 PRRSV 的检出率为 20.0%,这一结果表明,种公猪的精液对于疫病的传播和发生起重要作用。从目前的检测结果来看,猪群的多病原混和感染现象十分普遍,而且 PRRSV 等多种病原都可以通过猪的精液进行传播,这进一步提示我们在考虑疫病防控和净化时,一定要考虑种公猪的精液传播风险,避免病原大面积的传播和扩散。

由于种猪精液采样方便,采用的 PCR 检测方法准确,可对猪群带毒状况进行现况调查,因此,应加强猪场特别是种猪场这方面的监测工作,建立一套详细的疫病监测和净化措施,避免疫病通过精液传播和扩散。

3. 精液质量常规检测

公猪站所生产商品精液必须符合《种猪常温精液》国家标准(GB 23238)要求,生产精液商品时必须严格执行该标准。也可根据地方实地要求制定地方标准,但地方标准必须以国家标准为前提。

原精液品质要求外观呈乳白色,无杂质。采精量≥100 mL,精子活力≥70%,精子密度≥1 亿/mL,精子畸形率≤20%。

商品精液品质要求外观呈乳白色,无杂质,包装封口严密,剂量地方品种:40~50 mL 其他为 80~100 mL,精子活力≥60%,有效精子数地方品种≥10 亿,其他≥25 亿,精子畸形率≤20%,保存时间≥72 h。

二维码 7-1　种公猪精液质量检测
(科技帮扶宝坻生猪团队
李志、付永利、于海霞录制)

4. 常规输精

常规人工授精也称传统人工授精,由于猪的遗传育种和生产管理水平的不断提高,猪的现代生产中越来越依赖于人工授精技术。在过去的几十年中,我国的常规猪人工授精技术在养殖生产中广泛应用,已发展成为非常成熟的技术,也是当前我国养猪业中使用最为广泛的技术。

与猪自然交配相比,常规人工授精技术具有以下优点:①有效减少公猪母猪之间的疾病传播;②有利于提高猪群品质;③提高了公猪利用率和母猪配种率及受胎率;④节约了公猪饲养成本;⑤由于精液可在适合条件下进行保存和运输,解决了配种在空间和时间上的限制等。但同时也存在一定的缺陷:①通过精液可能传播疾病;②输精操作不规范,容易造成母猪子宫炎症,受胎率低和产仔数少;③精液分装、保存和运输过程不规范造成配种效果不稳定等。

(1)常规输精管组成。常规输精管主要有泡沫头和塑料管组成,没有内套管,见图7-1。

(2)常规输精管使用操作。常规输精时,首先彻底消毒双手及输精用到的一切输精器械,用抹布擦拭清洁母猪外阴及尾根部。输精操作为一手掰开母猪外阴,另一手将海绵头上涂润滑剂的一次性输精管以45°斜向上插入母猪生殖道内进行输精(图7-2)。母猪在一个发情期内除特殊情况外,要求输精2次,并要认真做好配种记录。

(3)常规输精管使用注意事项。整个输精过程要温和,不要对母猪造成应激。输精时为了使精液不逆流,需要对母猪进行压背刺激,使子宫内产生负压,充分吸收精液。输精时不要将精子挤入生殖道内,应让其自然流入,防止精液倒流。

图7-1 常规输精管

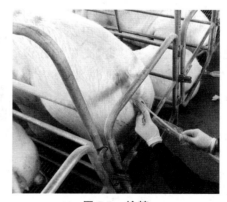

图7-2 输精

5. 深部输精

深部输精(deep insemination,DI)是一种适用于经产母猪的人工授精技术。与常规子宫颈授精相比,在将常规输精管插入子宫颈后,再插入一个细并且较软的输精内管,其总长度较常规输精管长15~20 cm,可以通过子宫颈进入子宫体。根据输入精液部位不同可分为输卵管输精法(intra-oviductal insemination,IOI)、子宫角输精法(deep uterine insemination,DUI)和子宫体输精法(post-cervical insemination,PCI),其中输卵管输精法和子宫角输精法操作比较复杂,需要结合腹腔内窥镜装置或因母猪在发情到排卵之间的间隔时间上存在的个体差异问题，使得二者在当前较难进行规模化操作，主要用于科研实验。子宫体输精法也被称为子宫颈后人工授精（post-cervical artificial insemination，PCAI），现阶段养殖水平较高的大规模猪场推广使用的深部输精方法均为子宫体输精法。

深部输精的优点：①减少公猪的饲养量；②减少精液及稀释剂的使用量；③可以最大化利用最优秀（EBV 值高）的公猪，提高养殖经济效益；④输精过程不需要公猪现场参与，也不受母猪配合和精力的影响；⑤输精时间短，可以减少配种人员的投入和工作量；⑥较常规人工输精更容易纳入标准化操作程序（SOP）的管理和落实执行。

深部输精的缺点：①对配种的环境卫生要求更加严格；②一般不会较大程度提高母猪的繁殖成绩；③所用输精器械耗材等成本较高；④低剂量的精液对温度波动更为敏感；⑤不适用于后备母猪配种；⑥需要更加严格专业的培训和专业技术人员，对配种技术水平要求更高。

（1）深部输精管组成。深部输精管主要有泡沫头和塑料外管，输精细管，细管钝圆头部，卡套组成，见图 7-3。

（2）深部输精管使用操作。首先清理母猪外阴卫生，交错撕开包装袋。输精管涂抹润滑剂，将内细管缩进外管内，输精管倾斜 45°角插入母猪体内，插入进去后越过尿道口，然后输精管呈水平方向向里左右旋转推进，直到确定外管泡沫头锁定在子宫颈里。取出精液，确认

图 7-3　深部输精管

品种、耳号，轻轻摇匀，插入输精管，缓慢挤压精液袋，让精液进入子宫体内，时间 30～40 s。挤压完精液稍等 5 s，看精液是否有回袋或回瓶现象，没有就先拔内细管。当内细管完全缩在外管后，此时外管旋转 3 圈，左右旋转一起拔出输精管，完成输精后做好配种记录。

（3）深部输精管使用注意事项。操作人员一定要有责任心，操作过程要细心、耐心、轻柔，禁止粗暴；插入内细管时，输精管要与外阴部位保持水平高度；一手扶着外管，一手捏着内细管，捏着内细管的手指距离外管不能超过 2 cm；每次插入最多 2 cm 内细管，以避免插入过长导致内细管折弯；如果在使用深部输精时，母猪前面没有放公猪刺激，输精结束后，一定要赶公猪在配种区通道中，刺激母猪 20 min

左右。配种区通道中尽可能地设置闸门，以隔开通道，在每一区都放置一头公猪（公母比例1:10），确保充分接触，促进精液吸收。

7.1.2　母猪批次生产关键节点

7.1.2.1　母猪批次生产节点

批次生产的核心节点是调控母猪性周期同步化、卵泡发育同步化、配种同步化与分娩同步化，对母猪发情、配种、分娩时机的相对精准掌控是成功的关键，当前，定时输精、单次输精、同期分娩技术有效解决了上述节点的关键技术问题。

7.1.2.2　母猪批次生产方案制定

1. 母猪批次生产方案制定的条件

猪场的生产批次将取决于2个因素：一是母猪的生产周期长度，另一个是每两个生产批次之间的间隔时间。

母猪的生产周期长度。母猪的繁殖周期持续时间是从断奶到发情的时间跨度＋妊娠期＋哺乳期的整个间隔时长的总和，例如：114 d（妊娠期）＋5 d（断奶到发情）＋（21～28 d）（哺乳期）。因此，母猪繁殖周期的长度介于20周（21 d断奶）和21周（28 d断奶）之间。

各批次之间的间隔时间。每批之间的间隔时间是指将同一种生产事件（如分娩、断奶或配种）的两次重复活动分开的天数（即介于以上两次分娩、断奶或配种之间的时长）。猪场的生产批次数＝生产周期长度/各批次之间的间隔时间（周）。批次数必须是整数（没有小数）。因此，生产周期长度以及相应地每一批的哺乳期必然会"被延长"，以便实现精确的批次数。常见的批次生产模式有以下几种，见表7-1。

表7-1　常见批次生产模式

批次间隔 /d	仔猪平均断奶时间/d	全场母猪群组数量/个	繁殖周期 /d	配套产房栋 /个	配套保育栋 /个
7	20	20	140 或 147	4 或 5	8
9	24	16	144	4	6
14	20	2	140	2	4
18	24	8	144	2	3
21	27	7	147	2	3
28	20	5	140	1	2
35	20	4	140	1	2
36	24	4	144	1	2

注：断奶至发情平均5 d，平均妊娠115 d，保育转肥标准日龄70 d，冲栏消毒至少6 d。

2. 母猪批次生产方案制定的合理性

猪场在批次生产方案制定过程中,除了要综合考虑猪场产房、配怀空间、保育空间、育肥空间等栏舍配置情况,还要考虑保育的设施条件(这决定了需要 20 d 断奶还是 24 d 断奶或者 27 d 断奶)、人员的配备情况、公猪精液的来源等。最基本的原则就是考虑各种因素中的"短板",最终找到适合猪场的、能落地实施的批次生产方案。

7.1.2.3 母猪批次生产方案实施

猪场的批次调整关键是调整母猪的发情节律,目前主要有两种调整方法,一种是简式调整,另一种是精准定时输精。简式调整主要应用烯丙孕素对有正常情期的母猪进行压制发情,延长母猪的黄体期,停药后母猪启动卵泡期发育,同步发情,从而达到调整批次的目的。精准定时输精主要是在简式调整方案的基础上,采用促进卵泡发育的药物(PMSG)和促进排卵的药物(戈那瑞林)对母猪卵泡发育、成熟和排卵进行精准控制。

以三周批调整为例,母猪批次生产方案如下。

1. 经产母猪发情节律的调整

经产母猪根据配种日期,按照自然周归总,按配种周分组填写母猪批次生产记录(图 7-4)。从断奶调整经产母猪的发情节律,使每 3 个周的断奶母猪集中在 3～5 d 完成发情和配种工作。例如本周是 2019 年第 11 周(3 月 10 日—3 月 16 日),2018 年第 43 周配种的猪会在本周内完成断奶工作,第 43 周配种的全部猪在正常断奶前 1 d(如果猪场没有固定的断奶日或者一周断奶一次以上,可以人为确定 1 d 为正常断奶日,如每星期四)开始,在产房就开始饲喂烯丙孕素,每天每头猪 5 mL 剂量,压制其发情,到断奶日正常断奶,在限位栏或者大栏里继续每天饲喂烯丙孕素,一直喂到第 45 周配种的猪断奶日前 1 d,总共饲喂 14 d。2018 年第 44 周配种的猪会在下周内完成断奶工作,第 44 周配种的全部猪在正常断奶日前 1 d 开始饲喂烯丙孕素压制发情,到断奶日正常断奶,断奶后继续每天饲喂烯丙孕素,一直喂到第 45 周配种的猪断奶日前 1 d,总共饲喂 7 d。等第 45 周配种的猪断奶后完成统一集中配种工作(图 7-5)。对未在配种时间内发情的猪,可以采取两种方案处理:一是直接淘汰,二是喂烯丙孕素压制到下一个配种批次断奶日前 1 d,喂完烯丙孕素同时用外源性激素药物定时输精处理。对于返情、流产、空胎等掉队异常猪,在用烯丙孕素压制到相邻批次后也同样采用定时输精方案处理。

图 7-4　母猪批次生产记录

（刘学陶提供）

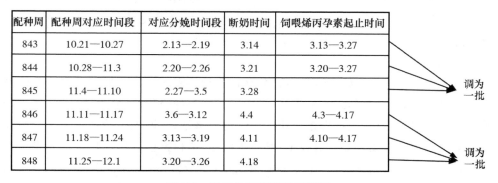

图 7-5　三周批节律调整示意图

2. 后备母猪的导入

根据之前母猪的生产成绩,确定每批猪的配种目标(配种目标＝分娩目标÷配种分娩率),根据配种目标结合批次生产记录表统计的数据,确定每批猪需要补充的后备头数。后备母猪做好情期管理,选出出现过情期的,达到配种标准的后备母猪,在需要导入批次经产母猪配种日的前 20 d 开始饲喂烯丙孕素,每天定时定量饲喂 5 mL,连续饲喂 18 d,停喂烯丙孕素后 5～7 d 自然发情,与该批次经产母猪完成同步配种工作。停喂烯丙孕素后未按时发情的后备母猪,可按照异常经产母猪的处理方案再处理一次,若还不发情,建议淘汰。

7.1.2.4 母猪批次生产方案实施注意事项

1. 母猪发情配种控制点

后备母猪和乏情母猪如果饲养管理和处置不当,就不能在预定的时间内发情配种;相反,如果发情配种失控,怀孕母猪过多的可能性也会增加,这两者都会影响到批次生产目标的实现。因此,母猪的发情配种是最重要的关键控制点,这就需要提前做好配种目标生产计划。关于后备母猪的利用,本周配种工作结束后,根据这一批次配种数的多少,可以预测 20 周后这批次的猪群到底需要多少后备母猪来补充,并提前做好后备母猪的引种或选留计划。在后备母猪配种前 3 周,采用同期发情措施处理后备母猪,以满足周的批次配种计划。

2. 分娩床及分娩舍的数量

分娩床及分娩舍的数量决定每一批次母猪群数量,也关系到整场在养母猪群数量,不同批次的分娩舍间应该有明显隔离饲养措施。此外,需要安排好至少 12 周的分娩计划,并根据实际情况来安排产房的周转,以及下游保育的栏舍周转。

3. 分娩率的及时调整

不同猪场的配种分娩率不尽相同,冬、夏季的成绩也会有所差异。因此,应根据不同猪场以及不同季节的配种分娩率来决定每批母猪配种的头数,以符合分娩环节的设备需求(分娩舍满床),当生产成绩稳定、分娩率较高时,可以适当降低本批次的配种头数,反之则要提高本批次的配种头数。

4. 公猪利用率

批次生产模式的实施会减少对种公猪饲养量的需求,因此,如果是集团化的养猪公司,可考虑建设共享式的公猪站,集中饲养优秀种公猪、开展人工授精;如果是单一的中小规模猪场,则可考虑依托区域性的公猪站、开展人工授精。人工授精技术在批次生产的猪场是必备的技术,其技术成熟、值得推广。规模化猪场如果条件具备,在实施人工授精中可采用深部输精技术,如子宫体输精法(PCI)和子宫角输精法(DUI),与常规子宫颈输精法(IOI)相比,每头母猪每次输精剂量可由 30 亿个精子,降低至 10 亿～15 亿个精子(PCI)和 1.5 亿～2.0 亿个精子(DUI),可大幅度提高公猪利用率。

5. 数据统计工作

实施批次生产后,为保证生产秩序的有序和稳定,必须要有可靠的生产数据作为支撑,否则会完全打乱运转计划。为此,规模化猪场需要运用生产管理软件(如

Herdsman 软件等)进行数据管理,方便高效。很多生产数据录入以后都能够整合,可以导出每天、每周、每月、每季度、每年的猪群生产指标以及每头的生产情况。只有将每一头猪的情况掌握好,才能够更好地做好批次生产计划。

7.2 同期发情技术

猪的生殖生理中卵巢的形状与机能起重要作用,母猪的发情周期中卵巢要经过卵泡期和黄体期两个期。两期交替、反复出现就形成了发情周期。但两期中的黄体期的控制对发情周期的控制是关键。猪群中的每头母猪都处在发情周期的不同阶段,控制发情就是通过激素或药物处理控制黄体期黄体的寿命,使所有母猪发情周期调整到相同的阶段,达到同期化发情的目的。

针对母猪,控制黄体的方法主要是施用孕激素。利用孕酮及其类似物的效果在于连续使用,使血液中的孕激素保持一定水平,抑制卵巢上卵泡的生长发育和发情。使其一直处于人为的黄体期,有时卵巢上的黄体已经消失,这也意味着内源性激素水平下降,但由于外源性激素仍在起作用,母猪不会发情,这就等于延长了发情周期,推迟了发情期。

同期发情就是利用外源生殖激素人为调控群体母猪的发情周期,使之在预定时间内达到性周期同步化、卵泡发育同步化、排卵同步化,最后同步进行人工授精。

7.2.1 同期发情处理方法

7.2.1.1 后备母猪

1. 自然发情

应用烯丙孕素对有正常情期的后备母猪进行压制发情,延长母猪的黄体期,停药后母猪启动卵泡期发育,恢复自然发情,从而达同期发情的目的。

2. 生殖激素诱导发情

因后备母猪个体间发情时间随机分布,需饲喂烯丙孕素 18 d 形成人为黄体期,以实现母猪性周期同步化,停喂烯丙孕素后 42 h,注射 PMSG 可促进卵泡同步发育,80 h 后注射 GnRH 促进后备母猪同步排卵。

二维码 7-2 烯丙孕素饲喂方法
(宁波第二激素厂提供)

二维码 7-3 问题母猪同期发情处理方案
(宁波第二激素厂提供)

7.2.1.2 经产母猪

1. 统一断奶，自然发情

经产母猪在哺乳期由于仔猪吸吮的刺激，产生高浓度的促乳素（PRL），抑制下丘脑分泌 GnRH，从而抑制母猪发情。断奶后，解除了 PRL 的抑制作用，下丘脑开始分泌 GnRH 并促使垂体分泌促卵泡素（FSH）和促黄体素（LH），进而促进卵泡发育。统一断奶后，仔猪吸吮的刺激消失，促乳素分泌降低，解除对促性腺激素释放激素的抑制作用，母猪在促性腺激素的作用下，启动卵泡发育，从而自然发情。

2. 烯丙孕素处理

由于各种因素不能统一断奶的经产母猪，可以在母猪正常断奶的前一天开始饲喂烯丙孕素，每天 5 mL 剂量，抑制促性腺激素的释放，从而抑制母猪发情。喂到期望天数，停喂烯丙孕素后，烯丙孕素解除对促性腺激素的抑制作用，母猪在促性腺激素的作用下，启动卵泡发育，从而自然发情。

7.2.1.3 异常母猪

异常母猪可以参考精准定时输精的方法，但由于长期不发情的母猪有一定比例存在持久黄体，所以在血促性素处理之前通常先用氯前列醇钠预处理，见图 7-6。

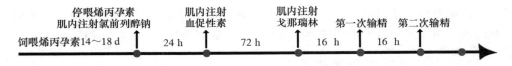

图 7-6　异常母猪处理方案

7.2.2 同期发情处理注意事项

7.2.2.1 后备母猪

1. 初情期管理

后备母猪变成性能优异的能繁母猪，初情期是关键。初情期是指正常的小母猪生长发育到一定时期，第 1 次表现出发情现象并排卵的时期，是机体性器官发育成熟的标志。郭红洲等研究表明，后备母猪初情期决定初配日龄的早晚，初情期越早的母猪，终生繁殖性能也越高。因此，如何提前后备母猪初情期是选育和培养的核心。通常可通过以下方面提高后备母猪初情期管理。

（1）把好源头关，加强种猪的选种选育。母猪的初情期是可以遗传的，遗传力为 0.32，属于中等遗传力性状。种猪场应把初情期作为选留后备母猪的重要考核指标之一，选种选育时，尽量选择初情期较早的母猪后代当选为种猪；坚决不选那些父母代初情期发情症状不明显、初情期日龄较晚的后代选为种猪。一般来讲外来品种,原种猪纯繁初情期日龄≤230 d,原种猪繁殖二元母猪初情期日龄≤250 d,通过严格初情期日龄选择的后代,往往有更早的初情期,意味着有更好的繁殖潜力,从而把好了源头关。

(2)补充人工光,刺激后备母猪提前发情。规模猪场,机械化程度比较高,各种硬件设施也是越建越好,可是猪舍里面的光照通常容易被忽视。投资光照,把暖光变冷光,补充人工光,可以很好地刺激后备母猪发情。这项设施的投入小,回报大,值得养猪人重视。

(3)加强试情公猪诱情,诱导后备母猪提前发情。公猪能够对母猪提供各种天然刺激,包括气味、声音、接触等都能很好地刺激母猪发情的启动,确保母猪表现出的发情现象更加明显,因此,试情公猪的作用不可替代。对后备母猪的诱情,最好选择性子慢、行动迟缓、气味大、口水多、善交谈的公猪担任试情公猪。后备母猪体重达 100 kg,日龄≥160 日龄,就必须进行每天 1 次的试情公猪诱情,确保每栏母猪与公猪接触 2~3 min;后备母猪体重达 110 kg,日龄≥180 日龄,就必须进行每天早晚各 1 次的试情公猪诱情,确保每栏母猪与公猪接触 5~6 min。

(4)分阶段选择饲料,充分发挥后备母猪的繁殖潜能。器官发育良好,体重50 kg 以下的后备母猪饲喂后备母猪前期饲料,随后逐渐过渡到常规饲料。后备母猪常规饲料中应含有较高的能量水平和蛋白质水平,还必须含有一定数量的关键营养因子,如亚油酸、硒和维生素 E 等。后备母猪后期的生长速度不宜过快,每天的日增重不低于 500 g 就行,不要限制后备母猪的采食量,而是通过在饲料中添加粗纤维或提供青绿饲料来控制其生长过快的问题。

(5)建立发情记录档案,分类管理后备母猪。后备母猪发情记录是规模猪场培育和繁殖后代的一项基本记录,对日常管理和配种计划的实施具有重要的实际意义。后备母猪从诱情开始就要建立起完整的发情记录,记录包括发情后备母猪的耳号、栏号、舍号,第 1 次发情的时间、外阴部变化以及压背反应等。后备母猪数量多时除做好记录外,还要做好标记,等到查情结束时将同一天发情的后备母猪赶入同一栋栏舍饲养,以便日常管理。对那些初情期比较迟、发情时特征不明显的后备母猪,应该经常采取调栏、换栏、合栏、舍外晒太阳等措施来更换环境,以新环境刺激后备母猪,促使它们提早发情。对达到一定日龄后,采取一系列技术措施还是没有初情期的后备母猪坚决淘汰。

2. 烯丙孕素饲喂

烯丙孕素饲喂需要定时、定量、定人,做好记录。定时是指每天在固定的时间饲喂,最好在每天投喂饲料前完成饲喂;定量是指每头母猪每天饲喂 5 mL,不要多也不要少;定人是指固定的猪群由固定的饲养员饲喂,不可频繁更换饲喂人员,这样有利于建立起饲喂烯丙孕素的条件反射,每天保证每头猪能足量摄入,保证效果。做好标记是指在饲喂完每头猪后要做好记录,尤其是在大栏饲喂,由于猪只活动,需要用记号笔将饲喂完的猪做标记,以避免漏喂或重复饲喂。

7.2.2.2 经产母猪

1. 二胎综合征

母猪二胎综合征即"两高一低"现象,指二胎母猪淘汰率高、断奶后不发情率高和二胎母猪产仔数低。猪群二胎综合征母猪比例偏高的话必然会影响同期发情效果。导致母猪二胎综合征的原因较多,包括饲养管理、疾病、环境等方面。研究发现,母猪二胎产仔数减少与第 1 次哺乳期体重的过度减轻有关。初产母猪体格尚未完全发育,机体生殖器官和产道未受到过挤压刺激,因此初产母猪极易出现先天性骨盆和产道狭窄,在分娩过程中就易出现难产或生殖系统损伤的情况,这是母猪二胎综合征产生的重要原因之一。尤其母猪处于产前、产后 3 d 时,机体抵抗力的降低导致生殖系统极易感染病原微生物,进而感染子宫内膜炎、乳房炎等疾病。如果不及时查找病因,会导致厌食情况频繁出现,严重影响母猪健康。同时,由于初产母猪无论在体型还是体重上均未达到成年母猪的程度,采食量往往有所不足,进而使胚胎死亡率增加,还会导致母猪断奶时掉膘过多和发情延后等,这也是母猪二胎综合征产仔数减少的一个重要原因。针对断奶时掉膘严重的二胎母猪,可以在断奶前 1 天饲喂烯丙孕素,视情况饲喂 7~14 d,延迟其自然发情时间,待其背膘恢复后停喂烯丙孕素,这样发情率和受胎率会大大提升。

2. 高温季节

环境温度的升高会干扰母猪自身的激素分泌,严重时会使母猪的不正常发情率及乏情率显著提高,导致母猪的繁殖性能下降。Renaudeau 等发现空怀母猪在高温环境下,会出现发情推迟的情况,当外界环境温度达 32 ℃时,19.7% 的母猪会产生不孕、重复发情等情况。在 32 ℃ 以下的温度下,出现此情况的母猪比例为 12.7%。在适宜的温度下,母猪的体感舒适度较高,采食量、泌乳量都相应提高,母猪在哺乳期结束至再次发情期间缩短,并具有高受胎率。一项跟踪研究报道:美国艾奥瓦州猪群在高温季节下胚胎的死亡率为 86%,其他季节为 58%。母猪在配种成功后一周,胚胎成功附着子宫后的 11~20 d 及妊娠后期阶段对热应激尤为敏感,会出现流产,死胎数增加,出生窝重降低等情况。公猪的饲养最适温度为 18~24 ℃,当外界温度高于 27 ℃后,公猪就会发生热应激反应,公猪血液中的促肾上腺皮质激素升高,睾丸中的类固醇的产生受到抑制,使精细胞发生变性,精液中会不断出现受害的细胞融合而成的多核巨型细胞,多核巨型细胞随温度上升而增多,致使精液品质(射精量、活力、畸形率、密度等)及性欲降低。夏季时公猪的精液中精子的平均密度极显著低于冬季;公猪在夏季时的平均射精量也低于冬季,当环境温度超过 30 ℃后,公猪的阴囊、附睾、睾丸温度随着升高,影响下丘脑—垂体—睾丸的正反向调节,影响精子的产生、成熟、运输,导致精子活力下降,畸形率和死亡率增加。

在猪生产中,通过调控猪舍环境温度,改变饲料中营养物质含量,调整饲喂方式,通过分子标记技术对猪种进行改良等多种举措,可以有效地减少猪热应激的产生。

7.2.2.3 未发情母猪处理

1. 留存

根据猪场实际情况,如果需留存可按图 7-6 异常母猪处理方案,导入下一个配种批次。

2. 淘汰

对于已经使用激素方案处理过多次仍未发情的母猪或者产仔数少、胎龄过大的没有继续存留生产意义的母猪建议淘汰。

7.3 定时输精技术

7.3.1 定时输精技术定义

母猪定时输精技术是指利用外源生殖激素对母猪的发情、排卵时间进行调控,以实现猪群在特定时间输精配种的技术。该技术不仅能使养殖人员准确把握输精时机,提高母猪繁殖效率,还能实现同批次母猪发情排卵及输精的同步化,便于批次生产管理,是推动当代养猪业工艺变革的一项动物繁殖新技术。

7.3.2 定时输精方法和步骤

7.3.2.1 简式定时输精方法

简式定时输精主要应用烯丙孕素对有正常情期的母猪进行压制发情,延长母猪的黄体期,停药后母猪启动卵泡期发育,同步发情,从而达到同批次同步配种的目的。

对后备母猪可以仅采用烯丙孕素处理,即后备母猪性周期同步化方案。如图7-7 所示,连续饲喂烯丙孕素 14～18 d,停止饲喂烯丙孕素后,按照常规配种方案查情配种。该方案发情和排卵集中度均低于精准定时输精方案,适用于已形成有性周期的后备母猪。

图 7-7 后备母猪简式定时输精

对于经产母猪,可以根据批次生产需要,通过统一时间断奶,或者在断奶前一天饲喂烯丙孕素,使经产母猪性周期同步化,见图7-8。

图 7-8　经产母猪简式定时输精

7.3.2.2　精准定时输精方法

精准定时输精方案是在简式调整方案的基础上,采用促进卵泡发育的药物(血促性素)和促进排卵的药物(戈那瑞林)对母猪进行精准控制发情。

(1)后备母猪定时输精方案如下:采用烯丙孕素＋PMSG(孕马血清促性腺激素)＋GnRH(促性腺激素释放激素),该方案又称为精准定时输精。如图7-9所示,连续饲喂烯丙孕素 14～18 d,停喂后 42 h,注射 PMSG 可促进卵泡发育同步化,80 h 后注射 GnRH 促进排卵。注射 GnRH 后 24 h 对所有后备母猪进行第一次输精,间隔 16 h 后第二次输精,对第二次配种 24 h 之后仍有静立反应的母猪追加一次配种。如有母猪提早发情,可在观察到静立反应后 12 h 增加配种一次。该方案突出优点是处理后,后备母猪的发情与排卵较集中,便于开展批次生产,更有利于提高劳动生产效率。

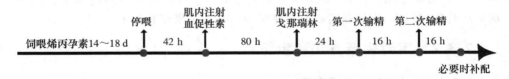

图 7-9　后备母猪精准定时输精

(2)经产母猪定时输精可通过同期断奶初步实现性周期同步化,生产中为进一步提高同步化率,在母猪断奶后 24 h 注射 PMSG 促进母猪同期发情;56～72 h 后注射 GnRH 促进排卵(此时对出现静立反应的经产母猪可进行人工授精处理),注射 GnRH 后 24 h 第一次输精,间隔 16 h 第二次输精。注射 PMSG 和 GnRH 的间隔时间依据哺乳期长短而定,一般哺乳期大于等于 4 周时,间隔时间为 56 h;哺乳期小于 4 周时,间隔时间为 72 h。具体程序见图7-10。

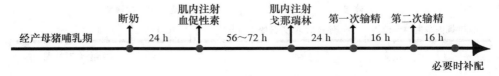

图 7-10　经产母猪定时输精

（3)问题母猪处理方案。问题母猪可以参考精准定时输精的方法,但由于长期不发情的母猪有一定比例存在持久黄体,所以在血促性素处理之前通常先用氯前列醇钠预处理,见图7-11。

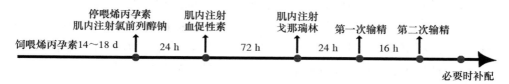

图 7-11　问题母猪处理方案

7.4　同期分娩技术

随着规模化养猪的快速发展,批次生产管理模式的重要意义越来越突显。在实施同期发情、同期排卵、同期配种的同时,再辅以同期分娩技术,才能最终实现规模猪场的批次生产。同期分娩技术是基于分娩机理模拟启动分娩时的激素变化,利用外源激素人为调控分娩进程,使母猪在预定的时间段内集中分娩的技术。同期分娩技术不仅可实现母猪集中护理,减少难产,而且可集中进行新生仔猪护理和寄养,提高仔猪成活率,同时还将大大节省员工工作量,提高工作效率。此外,母猪同期分娩可充分提高产床利用率,并有利于后续断奶、配种、再次分娩的同步化,为猪群“全进全出”奠定基础。因此,同期分娩技术有利于猪场均衡生产,提高猪群周转效率,使畜舍利用及疾病防控更科学、合理、高效。

7.4.1　同期分娩内容

从猪的行为学习性及其分娩规律中发现,猪大多数于夜间发生分娩,这给生产实际中的护理和接产带来很多困难,易造成产后仔猪伤亡。因此,将母猪分娩控制在白天进行,是养猪生产者们长期以来的愿望。20世纪70年代初,Landerdale 等(1972)、Douglas 和 Ginther(1973)等学者研究证实妊娠母猪分娩与其体内外周血液中孕酮和前列腺素水平的改变有关。根据这一变化规律,许多学者尝试利用外源激素处理,达到控制妊娠母猪分娩时间的目的,并取得了很大进展。

1. 同期分娩目的

让同一批母猪在预定时间内集中分娩。

2. 同期分娩机理

可通过对妊娠期满母猪进行诱导分娩实现,该技术基于分娩机理模拟分娩启动时激素变化,利用外源激素人为调控分娩进程,使母猪在预定时间内集中分娩。

7.4.2　同期分娩技术方法

1. 前列腺素类似物诱导分娩

同期分娩常用药物为前列腺素 F2α（PGF2α）、PGF2α 类似物，研究表明，注射 PGF2α 后，可使 92％的母猪在工作日产仔，有利于仔猪精细护理和拯救弱仔，便于仔猪交叉寄养，降低仔猪死亡率。一般 PGF2α 及其类似物注射时间不应早于预产期前 2 d，过早注射常常会导致仔猪初生重低、分娩时间延长、死胎增加。

2. 同期分娩操作的注意事项

在做同期分娩前一定要准确记录批次母猪的配种时间，准确计算批次母猪的预产期，过早的诱导分娩会导致出生仔猪体重偏低，弱仔比例偏高，从而影响生产效益。

 思考题

1. 什么是母猪批次生产？
2. 母猪批次生产过程中关键节点有哪些？
3. 母猪批次生产分类有哪些？
4. 简式母猪批次生产的内容是什么？
5. 精准母猪批次生产的内容是什么？
6. 后备母猪初情期建立方法是什么？
7. 后备母猪定时输精如何操作？
8. 异常母猪定时输精处理方法是什么？
9. 同期分娩技术的给母猪生产带来的好处有哪些？

第8章

母猪批次生产技术的应用

【本章提要】批次生产,就是将猪场猪群按照固定时间节点,划分为具备相似状态的批次,进行批次生产管理。广义的批次生产包含母猪、公猪、肉猪的批次生产。母猪批次生产按照批次间隔分为单周批、2周批、3周批、4周批、5周批等。本章对母猪批次管理模式、批次生产设计、不同周批次生产流程和参数、导入方法及不同周期批次生产典型案例进行详细介绍,可为从业者或养猪户全面掌握母猪批次生产技术提供帮助。

8.1 母猪批次生产管理技术

8.1.1 母猪批次生产管理技术

母猪批次生产管理技术就是将原有连续生产管理模式(每天都有配种、分娩、断奶的工作),改为在集中时间段完成(配种、分娩、断奶)生产工作,间隔分明且节律有规则的一种生产模式。批次生产更符合当前国内猪场的管理和疫病防控形势,批次生产结合可视化管理,可以让生产一线员工及猪场管理者更容易掌握现场情况。批次生产的具体操作需要在每个猪场单独设计,将批次的管理思路应用到各地猪场内,尽快开始,及时跟进,可为猪场以及养猪行业带来更高的价值。

8.1.2 批次生产分类

批次生产按照批次间隔分为单周批、2周批、3周批、4周批、5周批等;不同规模猪场适用批次生产如表8-1所示。母猪规模1 000头以下,比较适合开展多周批次生产模式,随着母猪群规模的缩小,批次间隔时间可适当延长。不同批次生产模式除考虑母猪群规模影响外,还要综合分析场区情况。

(1)单周批次生产的方案适用于大型的猪场,这一模式对于猪场工作人员要求较高,需要通过专门的培训才能满足母猪的批次生产的需求,所以要做好工作人员的管理、分配工作。

(2)2周批次生产的方案适用于工作计划安排较强、追求高效的猪场,可以利用猪场中的能源设备,但也可能会导致在导入批次生产的前期后备母猪与经产母猪合群时,部分经产母猪非生产天数增加,此时便需要通过投喂药物调整母猪情期,也可通过改变产房哺乳天数来调整母猪情期。

(3)3周批次生产的方案适用于空栏时间较长的猪场,因为发情的母猪会被调整到新一批的批次管理中,这样一来就需要重新调整工作计划,改进产能利用率低的问题。

(4)4～5周批次生产的方案适用于产能利用率较高的小规模的猪场。可以根据猪场的规模与饲养条件,选择合适的批次进行生产,如新建的猪场假如定好批次生产的周期,可以直接将后备母猪分批导入,直接实现批次生产,而连续生产的老场因为每周都有仔猪出生,则需要借助生物技术进行调整。

表 8-1　批次生产分类适用规模

	单周批	单周批	2 周批	3 周批	4 周批	5 周批
繁殖周期/周	20	21	20	21	20	20
哺乳期/d	21	28	21	28	21	21
母猪群数	20	21	10	7	5	4
适用经产母猪规模	≥1 000	≥1 000	≥2 000	≤1 500	≤1 000	≤800

8.2　不同周批次生产流程及参数

8.2.1　批次生产设计

8.2.1.1　母猪的繁殖周期

母猪完整的繁殖周期包括妊娠期 114～116 d、哺乳期 21～28 d 和断奶至配种间隔 4～10 d(图 8-1)。如果要实现以整周为批次生产时,需要让繁殖周期是 7(1周 7 d)的倍数。妊娠期和断奶到配种间隔受控力较差,而哺乳期的时间相对说较为容易,所以生产中可以调整哺乳期的时间让其适应整周批的生产节律,即通过同期断奶的方式使母猪达到同期发情的效果。

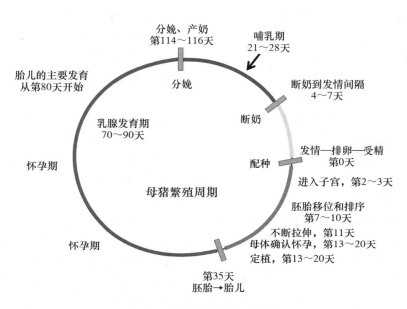

图 8-1 母猪繁殖周期示意图

母猪是常年发情的动物,有规律性的情期,母猪的发情周期平均为 21 d,以发情症状开始出现时为发情周期第 1 天,则发情前期相当于发情周期第 17～19 天,发情前期为发情的准备时期,在这个时期母猪卵巢上的黄体已经退化或萎缩,新的卵泡开始生长发育;雌激素分泌逐渐增加,孕激素的水平则逐渐降低。然后到了发情期,发情是有明显发情症状的时期,相当于发情周期第 1～2 天,当断奶母猪出现静立反应时,可立即进行配种;断奶后 0～3 d 有发情症状,但是没有静立反应的,72 h 内就需进行配种;断奶后 4～6 d 有发情症状,但是没有静立反应的,48 h 内就需进行配种。在断奶后 7 d 以内发情配种的母猪分娩产仔数也会高于 8～14 d 配种的母猪。在批次生产中,若未能在同一批次的配种时间范围内完成配种的,则参与下一批次的配种。

部分母猪会在 18～24 d 内或者其他时间内返情,在妊娠检查前,做好返情检查,提前找出返情母猪,返情母猪划入后面批次一起配种。在 35 d 孕龄时对母猪进行妊娠检查,空怀母猪需转出,划入后面批次一起配种。在母猪妊娠期间发现的所有空怀、流产母猪,都需要转出划入后面批次进行配种。

8.2.1.2 母猪批次生产设计需要考虑因素

母猪批次生产设计需要考虑猪场设计情况,基础母猪群数量栏舍数量与构造(包括产床数量、定位栏数量、保育舍栏位数量、育肥舍栏位数量),以及生产情况(如哺乳期、栏舍清理消毒时间等)。

（1）产房单元及产床数量：一般来说产房是 5 个或者 6 个单元的，适合做单周批。2 个单元的，适合做 2 周批或者 3 周批。1 个单元的，适合做 4 周批或者 5 周批。如果产房单元大小不一、比较乱，这样的猪场，只能选择做 5 周批。

（2）定位栏数量：为保证批次生产的合理安排，在实际生产过程中定位栏数量要大于基础母猪群的数量。

（3）基础母猪群数量：根据现有场地大小、人员配置，确定所需母猪群的数量，然后综合基础母猪群数量和产房单元及产床的数量来设计批次生产。

（4）后备母猪补充：在批次生产过程当中，考虑到每批次母猪的淘汰、分娩率，每批母猪配种数是要大于断奶数。在批次生产中，每个批次都应该有后备母猪去补充，后备母猪补充是批次生产中的关键，母猪场年更新率一般在 40％～60％，需要后备种猪补充低繁殖性能的母猪，以调控猪群的胎龄结构、健康状况，生产性能等。

（5）实行整周批时，产房使用时间（从妊娠母猪上产床到分娩舍终末消毒完成再到下一批次母猪上产床的时间）为批次数的整数倍，便于配种批次可以完整地进入分娩舍，设计天数断奶后，依然可以按照设计的配种计划发情配种，从而避免每个批次的母猪被拆分和合并。另外，还需要考虑产床的数量、产房组数、哺乳期、提前上产床时间、清理时间等。

8.2.1.3　参数计算

不同批次生产所涉及的参数如表 8-2 所示，母猪的繁殖周期即母猪从发情配种、妊娠、哺乳、断奶再到发情配种的时间，包括妊娠期（114～116 d）＋断奶－配种间隔（4～10 d）＋哺乳期（21～28 d），数值一般介于 140～147 d，母猪的繁殖周期应为批次间隔的整数倍。其中，生产批次数（即母猪群分组）取决于母猪繁殖周期的长度和每两个生产批次之间的间隔时间。分娩舍占用时间即从妊娠母猪上产床到分娩舍终末消毒完成再到下一批次母猪上产床的时间，提前上产床时间＋哺乳期（14～28 d）＋产房冲洗时间，数值一般介于 28～42 d。

（1）采用单周批次模式时，相邻批次间隔天数为 7 d，既可被 140 整除也可被 147 整除，所以单周批可以根据产房单元数设置不同的模式。当繁殖周期为 140 d 时，可将母猪群划分为 20 个批次，每批次母猪哺乳期为 21 d，需要 5 个产房单元进行批次周转，每个产房单元占用时间包括提前上待产母猪时间 3～7 d，产房洗消时间 3～4 d，产房平均占用 35 d。当繁殖周期为 147 d 时，可将母猪群划分为 21 个批次，每批次母猪哺乳期为 28 d，需要 6 个产房单元进行批次周转，每个产房单元时间包括提前上待产母猪时间 3～7 d，产房洗消时间 3～4 d，产房平均占用 42 d。

（2）采用 2 周批次模式时，相邻批次间隔天数为 14 d，可被 140 整除，所以 2 周批次繁殖周期为 140 d，可将母猪群划分为 10 个批次，每批次母猪哺乳期 21 d，需要 2 个产房单元进行批次周转，每个产房单元占用时间包括提前上待产母猪时间

4 d,产房洗消时间 3～4 d,产房平均占用 28 d。

（3）采用 3 周批次模式时,相邻批次间隔天数为 21 d,可被 147 整除,所以 3 周批次繁殖周期为 147 d,可将母猪群划分为 7 个批次,每批次母猪哺乳 28 d,需要 2 个产房单元进行批次周转,每个产房单元占用时间包括提前上待产母猪时间 3～7 d,产房洗消时间 3～4 d,产房平均占用 42 d。

（4）采用 4 周批次模式时,相邻批次间隔天数为 28 d,可被 140 整除,所以 4 周批次繁殖周期为 140 d,可将母猪群划分为 5 个批次,每批次母猪哺乳期 21 d,需要 1 个产房单元进行批次周转,每个产房单元占用时间包括提前上待产母猪时间 4 d,产房洗消时间 3～4 d,产房平均占用 28 d。

（5）采用 5 周批次模式时,相邻批次间隔天数为 35 d,可被 140 整除,所以 5 周批次繁殖周期为 140 d,可将母猪群划分为 4 个批次,每批次母猪哺乳期 21 d,需要 1 个产房单元进行批次周转,每个产房单元占用时间包括提前上待产母猪时间 3～7 d,产房洗消时间 3～4 d,产房平均占用 35 d。

表 8-2　不同批次生产管理的参数

参数	单周批 a	单周批 b	2 周批	3 周批	4 周批	5 周批
批次间隔/d	7	7	14	21	28	35
繁殖周期/d	140	147	140	147	140	140
妊娠期/d	114～116	114～116	114～116	114～116	114～116	114～116
哺乳期/d	21	28	21	28	21	28
发情间隔/d	3～7	3～7	3～7	3～7	3～7	3～7
母猪群分组/组	20	21	10	7	5	4
分娩母猪提前上产床时间/d	3～7	3～7	4	3～7	4	3～7
分娩舍占用时间/d	35	42	28	42	28	35
分娩舍分组/组	5	6	2	2	1	1

单周批 a:产房分组为 5 组,哺乳期为 21 d,单周批 b:产房分组为 6 组,哺乳期为 28 d。

8.2.2　单周批次生产流程及参数

单周批次生产相邻两个批次之间间隔 7 d,每周都有断奶、配种及分娩工作（表 8-3）,可根据产房单元、哺乳期天数分为两种模式,第一种模式有 5 个产房单元,哺乳期 21 d,繁殖周期为 140 d,母猪群可分为 20 个批次,如表 8-4 所示,第 1 批次母猪在第 1 周和第 21 周正好进入第一栋产房,因为每一批次猪只分娩进入的是同一栋产房,因此不用每一个产房单元都是一样大小的。当产房单元大小不一时,就要求根据产床的数量做好每一批次猪只数量的计算,即第1、6、11、16批次母猪群数量应该一致,第2、7、12、17批次母猪群数量应该一致,第3、8、13、18批次母猪群数量应该一致,第4、9、14、19批次母猪群数量应该一致,第5、10、15、20批次母猪群数量应该一致。如表8-3所示,每一批次母猪在第1周上产床后分娩,在第5周断奶,断奶后7 d内对断奶发情母猪进行配种(保证每一批次母猪预产期时间跨度不会过长),然后在怀孕舍饲养16周后转入产房待产。

表8-3　单周批次(21 d哺乳期)母猪生产事件

周次	1	2	3	4	5	6	7	8	9	10	11	12	13	14	15	16	17	18	19	20	21
分娩组	①	②	③	④	⑤	⑥	⑦	⑧	⑨	⑩	⑪	⑫	⑬	⑭	⑮	⑯	⑰	⑱	⑲	⑳	
断奶组					①	②	③	④	⑤	⑥	⑦	⑧	⑨	⑩	⑪	⑫	⑬	⑭	⑮	⑯	⑰
配种组						①	②	③	④	⑤	⑥	⑦	⑧	⑨	⑩	⑪	⑫	⑬	⑭	⑮	⑯

表8-4　单周批次5个产房单元21 d哺乳期

周次	1	2	3	4	5	6	7	8	9	10	11	12	13	14	15	16	17	18	19	20	21
产房1	①				①	⑥				⑥	⑪				⑪	⑯				⑯	①
产房2	⑰	②				②	⑦				⑦	⑫				⑫	⑰				⑰
产房3	⑱		③				③	⑧				⑧	⑬				⑬	⑱			
产房4	⑲			④				④	⑨				⑨	⑭				⑭	⑲		
产房5	⑳				⑤				⑤	⑩				⑩	⑮				⑮	⑳	

第二种模式有6个产房单元,哺乳期28 d,繁殖周期为147 d,母猪群可分为21个批次,如表8-5所示,第一批次母猪在第1周和第22周正好进入第一栋产房和第四栋产房,因为每一批次猪分娩进入的是不同的产房单元,因此每一个产房单元必须是一样大小的,如果产房单元大小不一会导致某些批次母猪上产床时产床不够的情况。如表8-6所示,每一批次母猪在第1周上产床后分娩,在第6周断奶,断奶后7 d内对断奶发情母猪进行配种(保证每一批次母猪预产期时间跨度不会过长),然后在怀孕舍饲养16周后转入产房待产。

表8-5　单周批次6个产房单元28 d哺乳期

周次	1	2	3	4	5	6	7	8	9	10	11	12	13	14	15	16	17	18	19	20	21	22
产房1	①					①	⑦					⑦	⑬					⑬	⑲			
产房2		②					②	⑧					⑧	⑭					⑭	⑳		
产房3			③					③	⑨					⑨	⑮					⑮	㉑	
产房4				④					④	⑩					⑩	⑯					⑯	①
产房5					⑤					⑤	⑪					⑪	⑰					⑰
产房6						⑥					⑥	⑫					⑫	⑱				

表 8-6 单周批次(28 d 哺乳期)母猪生产事件

周次	1	2	3	4	5	6	7	8	9	10	11	12	13	14	15	16	17	18	19	20	21	22
分娩组	①	②	③	④	⑤	⑥	⑦	⑧	⑨	⑩	⑪	⑫	⑬	⑭	⑮	⑯	⑰	⑱	⑲	⑳	㉑	
断奶组						①	②	③	④	⑤	⑥	⑦	⑧	⑨	⑩	⑪	⑫	⑬	⑭	⑮	⑯	⑰
配种组						①	②	③	④	⑤	⑥	⑦	⑧	⑨	⑩	⑪	⑫	⑬	⑭	⑮	⑯	⑰

(1)批次间隔:单周批次生产的批次间隔为 7 d,即每 7 d 都会有一个批次的母猪分娩、断奶、配种。

(2)繁殖周期:单周批次的母猪繁殖周期有两种情况:第一种是产房分为 5 个单元,哺乳期为 21 d 的情况,这种情况下的繁殖周期为 140 d;第二种是产房分为 6 个单元,哺乳期为 28 d 的情况,这种情况下繁殖周期为 147 d。

(3)母猪群分组:单周批次的母猪群分组有两种情况:第一种是产房分为 5 个单元,哺乳期为 14~21 d 的情况,这种情况下母猪的繁殖周期为 140 d,批次间隔为 7 d,故母猪群分组为繁殖周期/批次间隔,在此批次生产中将全群母猪分为 20 组;第二种是产房分为 6 个单元,哺乳期为 21~28 d 的情况,这种情况下母猪的繁殖周期为 147 d,批次间隔为 7 d,在此批次生产中将全群母猪母猪群分为 21 组。

8.2.3 2 周批次生产流程及参数

2 周批次生产相邻两个批次之间间隔 14 d,每间隔 2 周会有断奶、配种及分娩工作,且分娩工作与断奶、配种工作不在一周(表 8-7)。因为 2 周批次生产批次间隔 14 d,只能被 140 整除,因此 2 周批次的繁殖周期为 140 d,如表 8-8 所示,可将全群母猪分为 10 个批次,只需要 2 个产房单元就能满足 2 周批次生产分娩猪只的周转。在 2 周批次生产中,第 1、3、5、7、9 批次猪只都是在产房 1 单元进行分娩,第 2、4、6、8、10 批次猪只都是在产房 2 单元进行分娩,因为每一批次猪只分娩进入的是同一栋产房,因此不用每一个产房单元都是一样大小的,当产房单元大小不一时就要求根据产床的数量做好每一批次猪只数量的计算,即保证 1、3、5、7、9 批次猪只数量一致,产房 1 单元产床数能保证这 5 批次猪只的周转,同理 2、4、6、8、10 批次猪只数量需要一致,产房 2 单元产床数要能保证这 5 批次猪只的周转。

表 8-7 2 周批次母猪生产事件

周次	1	2	3	4	5	6	7	8	9	10	11	12	13	14	15	16	17	18	19	20	21
分娩组	①		②		③		④		⑤		⑥		⑦		⑧		⑨		⑩		①
断奶组		⑩		①		②		③		④		⑤		⑥		⑦		⑧		⑨	
配种组		⑩		①		②		③		④		⑤		⑥		⑦		⑧		⑨	

表 8-8　2 周批次 2 个产房单元 21 d 哺乳期

周次	1	2	3	4	5	6	7	8	9	10	11	12	13	14	15	16	17	18	19	20	21
产房1	①			①	③			③	⑤			⑤	⑦			⑦	⑨			⑨	①
产房2	⑩	②			②	④			④	⑥			⑥	⑧			⑧	⑩			

（1）批次间隔：2 周批次生产的批次间隔为 14 d，即每隔 14 d 都会有一个批次的母猪分娩、断奶、配种。

（2）繁殖周期：2 周批次的母猪繁殖周期为 140 d，包括妊娠期 114～116 d、哺乳期 21 d、发情配种间隔 4～10 d。

（3）母猪群分组：2 周批次的母猪繁殖周期是 140 d，批次间隔是 14 d，故该批次下将全群母猪分为 10 组。

8.2.4　3 周批次生产流程及参数

3 周批次生产相邻两个批次之间间隔 21 d，每间隔 3 周会有一个批次的母猪进行分娩，因为 3 周批次生产批次间隔 21 d，只能被 147 整除，因此 3 周批次的繁殖周期为 147 d，如表 8-9 所示，可将全群母猪分为 7 个批次，因为第 1 批次与第 3 批次间隔 42 d，所以只需要 2 个产房单元就能满足 3 周批次生产分娩猪只的周转。第 1 批次的猪只分别在第 1 周和第 22 周进入产房 1 单元和产房 2 单元，所以在 3 周批次生产中，需要保证 2 个产房单元的规格大小一致，每一批次猪只的数量是均等的。如表 8-10 所示，3 周批次生产不是每周都有分娩、断奶和配种任务，在 3 周批次生产中，提前 7 d 开始上产床，每隔 3 周分娩一批母猪，每批母猪哺乳期 28 d，断奶清洗消毒 7 d，即每个产房单元从母猪待产分娩到断奶洗消完成需要 6 周的时间。

表 8-9　3 周批次 2 个产房单元 28 d 哺乳期

周次	1	2	3	4	5	6	7	8	9	10	11	12	13	14	15	16	17	18	19	20	21	22
产房1	①				①	③						③	⑤					⑤	⑦			
产房2				②					②	④						④	⑥					⑥

表 8-10　3 周批次母猪生产事件

周次	1	2	3	4	5	6	7	8	9	10	11	12	13	14	15	16	17	18	19	20	21	22
分娩组	①			②			③			④			⑤			⑥			⑦			①
断奶组				⑦			①			②			③			④			⑤			⑥
配种组				⑦			①			②			③			④			⑤			⑥

（1）批次间隔：3 周批次生产的批次间隔为 21 d，即每隔 21 d 都会有一个批次的母猪分娩、断奶、配种。

（2）繁殖周期：3周批次的母猪繁殖周期为147 d，包括妊娠期114~116 d、哺乳期28 d，发情配种间隔4~10 d。

（3）母猪群分组：3周批次的母猪繁殖周期是147 d，批次间隔是21 d，故该批次下将全群母猪分为7组。

8.2.5　4周批次生产流程及参数

4周批次生产相邻两个批次之间间隔28 d，每间隔4周会有一个批次的母猪进行分娩，因为4周批次生产批次间隔28 d，只能被140整除，因此4周批次的繁殖周期为140 d，哺乳期为21 d，如表8-11所示，可将全群母猪分为5个批次。因为在4周批次生产中，相邻两个批次之间间隔28 d，每批次母猪哺乳期21 d，因此只需要1个产房单元便可满足4周批次生产的母猪周转。如表8-12所示，4周批次生产不是每周都有分娩、断奶和配种任务，每隔4周使每个群组的母猪轮流进入产房分娩，产房只有1个单元，全程循环使用4周，其中母猪产前待产4 d、哺乳期3周及仔猪断奶后清洗消毒3 d。

表 8-11　4 周批次 1 个产房单元 21 d 哺乳期

周次	1	2	3	4	5	6	7	8	9	10	11	12	13	14	15	16	17	18	19	20	21
产房1	①			①	②			②	③			③	④			④	⑤			⑤	①

表 8-12　4 周批次母猪生产事件

周次	1	2	3	4	5	6	7	8	9	10	11	12	13	14	15	16	17	18	19	20	21
分娩组	①				②				③				④				⑤				①
断奶组				①				②				③				④				⑤	
配种组					①				②				③				④				⑤

（1）批次间隔：4周批次生产的批次间隔为28 d，即每隔28 d都会有一个批次的母猪分娩、断奶、配种。

（2）繁殖周期：4周批次的母猪繁殖周期为140 d，包括妊娠期114~116 d、哺乳期21 d，发情配种间隔4~10 d。

（3）母猪群分组：4周批次的母猪繁殖周期是140 d，批次间隔是28 d，故该批次下将全群母猪分为5组。

8.2.6　5 周批次生产流程及参数

5周批次生产相邻两个批次之间间隔35 d，每间隔5周会有一个批次的母猪进行分娩,因为 5 周批次生产批次间隔 35 d,只能被 140 整除,因此 5 周批次的繁殖周期为 140 d,哺乳期为 21 d,如表 8-13 所示,可将全群母猪分为 4 个批次。因为在 5 周批次生产中,相邻两个批次之间间隔 35 d,每批次母猪哺乳期 21 d,因此只需要 1 个产房单元便可满足 5 周批次生产的母猪周转。如表 8-14 所示,5 周批次生产每 5 周分娩一个批次,分娩后的 2 周工作量较少,然后在第 4 周进行断奶,第 5 周进行配种。

表 8-13 5 周批次 1 个产房单元 21 d 哺乳期

周次	1	2	3	4	5	6	7	8	9	10	11	12	13	14	15	16	17	18	19	20	21
产房 1	①			①	①	②			②	②	③			③	③	④			④	④	①

表 8-14 5 周批次母猪生产事件

周次	1	2	3	4	5	6	7	8	9	10	11	12	13	14	15	16	17	18	19	20	21
分娩组	①					②					③					④					①
断奶组				①					②					③					④		
配种组					①					②					③					④	

(1)批次间隔:5 周批次生产的批次间隔为 35 d,即每隔 35 d 都会有一个批次的母猪分娩、断奶、配种。

(2)繁殖周期:5 周批次的母猪繁殖周期为 147 d,包括妊娠期 114～116 d、哺乳期 28 d,发情配种间隔 4～10 d。

(3)母猪群分组:5 周批次的母猪繁殖周期是 147 d,批次间隔是 35 d,故该批次下将全群母猪分为 4 组。

8.2.7 不同批次管理模式特点

8.2.7.1 单周批次生产管理模式特点

单周批次应该是现阶段运用最广的批次模式,它适用于规模化猪场,同时也适用于集团猪场,无论在猪只周转还是猪舍设备的安排都较为便利,比较适用于我国现阶段的养猪业。一周工作制的优点是它的灵活性、劳动力需求的有限高峰和操作简单。如图 8-2 所示,相比于连续式生产每天工作节奏不固定,很繁忙,单周批次生产每周工作节奏较稳定,因而会有较高的工作效率。

当然,在实践中,单周批次生产的灵活性往往会导致管理混乱,劳动力和猪流量的组织不佳。例如,当母猪在星期四断奶时,大多数人工授精将在星期一至下周的星期三进行。但是大约 20%的授精(小母猪、不定期返回、断奶至发情期延长的母猪)在一周的剩余时间内进行。即人工授精几乎每天都在进行,因此每周每天都会有母猪分娩。一个真正的每周分批的繁殖管理系统包括一个非常严格的计划和对猪场所有任务的严格组织,需要从配种管理开始,在配种管理中,所有待配种母猪都应该在 60 h 内完成授精。大多数猪场都有四五个分娩隔间。由于仔猪每天都出生,不能严格分离年龄组,分娩和断奶会存在没有全进全出的情况。

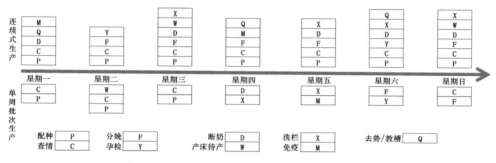

图 8-2 单周批次生产与连续式生产对比

(刘向东供图)

8.2.7.2 2 周和 4 周批次生产管理模式特点

2 周批次生产模式与 4 周批次生产模式相当,这两种模式下,每批母猪生产周期为配种至分娩 16 周、分娩至断奶 3 周、断奶至下一次配种 1 周,总计 20 周。2 周批次生产模式全场母猪分为 10 个批次进行生产,4 周批次生产模式全场母猪分为 5 个批次进行生产。当猪场分娩至断奶时间设定为 21 d 时,采用 2 周或 4 周批次生产模式非常合适,即每 2 周或 4 周为间隔进行集中发情配种、分娩及断奶。相比于 2 周模式,4 周模式每批次母猪数量加倍,因而生产更为集中。我国很多地区执行 21 d 左右断奶,采用这两种模式时必须有较高的执行力,严谨的执行计划。

8.2.7.3 3 周批次生产管理模式特点

3 周批次管理是最常见的方案,比较符合母猪 21 d 发情周期,因此,对于返情母猪比较好处理,上一批正常返情的母猪可调整至下一批进行配种。此方案的特点是哺乳期 28 d,产床周转时间为 42 d,因此可以大大提高断奶仔猪的存活率以及有足够的时间对产房进行清洗空栏消毒,减少疾病的垂直传播。此外,3 周批次有利于安排断奶、配种、分娩,不会导致工作重复和串岗,所有工作以周为单位进行安排,利于公司员工轮休和非洲猪瘟疫情时期的严格防疫,减少与外界的接触,是很多养猪户的选择。

8.2.7.4　5周批次生产管理模式特点

由于母猪妊娠时间(16周)和断奶至发情时间(1周)较为固定,采用每几周进行一次配种发情受到养殖场断奶时间的影响。从理论上说,母猪整个繁殖周期的周数与每批次间隔周数能达到整除均可以形成大批次生产,以21 d断奶(20周),可以采用5周、10周模式。5周模式已经在国外采用;而10周模式只是理论上可以成立,但并没有采用。周数间隔过大会导致少数授精未完成母猪与下一批次母猪发情同步的时间间隔过长,引起空怀母猪饲养成本过高等问题。

如图8-3所示,单周批次生产每一周工作都很忙,一周为一个周期,每一周都有分娩、配种、断奶工作;相比于单周批次,3周批次每3周进行一次分娩、配种、断奶,3周时间里一周断奶、一周配种、一周分娩,工作更加集中。5周批次的工作安排也是一周断奶、一周配种、一周分娩,但是相较于3周批次,5周批次有空闲一周的时间,更便于生产人员进行休假安排。不同批次生产均有利有弊,在猪场进行批次生产选择时,需要结合猪场栏舍结构、猪群存栏、人员数量来综合考量。

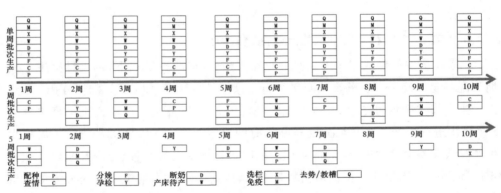

图8-3　单周批次生产与3周/5周批次生产对比

(刘向东供图)

8.3　不同周批次母猪导入方法

不同批次生产管理模式下每批次猪的导入涉及每批次断奶母猪头数、产床数量、配种数量、需要准备的后备母猪数量的计算。其基本流程如图8-4所示,每批次配种母猪包括该批次断奶母猪及补充的后备母猪,为使后备母猪与断奶母猪同时配种,在将其转入配种舍前需进行同期发情处理。

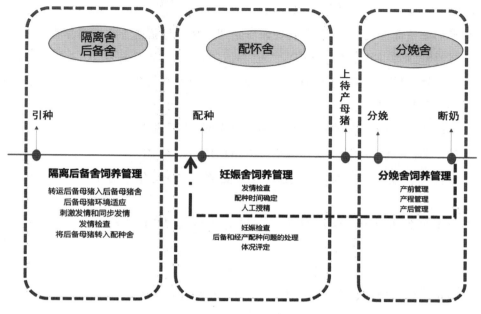

图 8-4 母猪批次生产流程

（刘向东供图）

8.3.1 每批断奶母猪头数

在周批次生产中,理论上可以直接使用母猪存栏数除以母猪群分组数得到每批次母猪的数量,也可以根据每个产房单元的产床数量来确定每批次分娩母猪的数量。但是在实际生产过程中,母猪不可能完全按照理想情况进行生产,不可能每一批母猪都能达到100%的配种妊娠率和100%的分娩率。所以在实际计算过程中,我们需要根据母猪的实际配种妊娠率和妊娠分娩率来计算猪群的实际分娩母猪头数,当然在配种妊娠率和妊娠分娩率恒定的情况下,是可以保证每一批次分娩母猪数与每一单元的产床数量一致。在确定了每批次分娩母猪头数后,根据断奶淘汰情况来确定每批次断奶母猪头数。

在周批次的整个繁殖周期中,母猪的哺乳期和妊娠期基本不变,而空怀期则与母猪的配种妊娠率和妊娠分娩率相关。假设母猪的配种妊娠率为90%,妊娠母猪分娩率为95%,母猪年更新率为60%(后续计算均以此标准进行),那么空怀母猪期及平均繁殖周期计算方式如下。

空怀母猪期＝断奶至发情期＋21×(1－配种妊娠率)＋(妊娠母猪天数/2)×(1－妊娠母猪分娩率)＝7＋21×(1－0.9)＋[(114－21)/2]×0.9×(1－0.95)＝

11.19(d)

平均繁殖周期(21 d 哺乳期):妊娠母猪期＋哺乳母猪期＋空怀母猪期＝114＋21＋11.19＝146.19(d)

平均繁殖周期(28 d 哺乳期):妊娠母猪期＋哺乳母猪期＋空怀母猪期＝114＋28＋12.13＝153.19(d)

年产胎次(21 d 哺乳期):365/平均繁殖周期＝2.5 胎

年产胎次(28 d 哺乳期):365/平均繁殖周期＝2.38 胎

每批母猪更新率(21 d 哺乳期):年更新率/母猪年产胎次＝60%/2.5＝24.00%

每批母猪更新率(28 d 哺乳期):年更新率/母猪年产胎次＝60%/2.38＝25.21%

每批分娩母猪头数＝母猪头数×年产胎次/(52/n)(n 为 n 周批次)

每批断奶母猪头数＝批分娩数×(1－每批母猪更新率)

(1)单周批次每批分娩母猪数计算如下。

21 d 哺乳期:每批分娩母猪头数＝母猪头数×年产胎次/(52/n)＝母猪头数×0.048

28 d 哺乳期:每批分娩母猪头数＝母猪头数×年产胎次/(52/n)＝母猪头数×0.046

(2)2 周批次每批分娩母猪数计算如下。

每批分娩母猪头数＝母猪头数×年产胎次/(52/n)＝母猪头数×0.095

(3)3 周批次每批分娩母猪数计算如下。

每批分娩母猪头数＝母猪头数×年产胎次/(52/n)＝母猪头数×0.137

(4)4 周批次每批分娩母猪数计算如下。

每批分娩母猪头数＝母猪头数×年产胎次/(52/n)＝母猪头数×0.191

(5)5 周批次每批分娩母猪数计算如下。

每批分娩母猪头数＝母猪头数×年产胎次/(52/n)＝母猪头数×0.228

8.3.2　产床数量

在每批次猪只数量一致的情况下,所需产床的数量就是每批次分娩母猪头数乘以采用的周批次生产所需的产房组数。

产床数量＝每批分娩头数×不同批次生产所需产房组数

单周批次(28 d 哺乳期)需要 6 个产房单元,2 周批次需要 2 个产房单元,3 周批次需要 2 个产房单元,4 周批次需要 1 个产房单元,5 周批次需要 1 个产房单元。

在每批次猪只数量不一致的情况下,如单周批次中哺乳期 21 d 的模式下,5 个产房单元的数量是可以不一致的,在此情况下猪只被分为了 20 个批次,1、3、5、7、9 批次猪只数量一致,2、4、6、8、10 批次猪只数量一致,3、8、13、18 批次猪只数量一致,4、9、14、19 批次猪只数量一致,5、10、15、20 批次猪只数量一致,此时所需产床数量将母猪数量除以 5 即可。

8.3.3 配种数量

配种数量则需要根据每批次分娩母猪的头数和猪场的配种分娩率来进行计算,配种分娩率是根据配种妊娠率和妊娠母猪分娩率计算的,具体计算公式如下。

配种数量＝每批分娩母猪头数/配种分娩率

配种分娩率＝配种妊娠率×妊娠母猪分娩率

(1)单周批次每批配种数量计算如下。

21 d 哺乳期:配种数量＝(每批分娩母猪头数＝母猪头数×年产胎次/(52/n)＝母猪头数×0.048)/(0.85×0.95)

28 d 哺乳期:配种数量＝(每批分娩母猪头数＝母猪头数×年产胎次/(52/n)＝母猪头数×0.046)/(0.85×0.95)

(2)2 周批次每批配种数量计算如下。

配种数量＝(每批分娩母猪头数＝母猪头数×年产胎次/(52/n)＝母猪头数×0.095)/(0.85×0.95)

(3)3 周批次每批配种数量计算如下。

配种数量＝(每批分娩母猪头数＝母猪头数×年产胎次/(52/n)＝母猪头数×0.137)/(0.85×0.95)

(4)4 周批次每批配种数量计算如下。

配种数量＝(每批分娩母猪头数＝母猪头数×年产胎次/(52/n)＝母猪头数×0.191)/(0.85×0.95)

(5)5 周批次每批配种数量计算如下。

配种数量＝(每批分娩母猪头数＝母猪头数×年产胎次/(52/n)＝母猪头数×0.228)/(0.85×0.95)

8.3.4 后备母猪更新需求

在周批次生产中,需根据母猪的年更新率来补充后备母猪,补充后备母猪参与配种则要求在每批次分娩母猪在断奶时进行淘汰,所以每批次需要补充的后备母猪数量是根据每批次配种数量减去每批次断奶母猪数量计算得来的。

每批次后备母猪更新需求=配种数量-每批断奶母猪数

以母猪存栏 1 000 头,母猪群年更新率 60%,配种妊娠率 90%,分娩率 95% 为例,计算不同周批次生产每批次需要更新的后备母猪数量,如表 8-15 所示。按照各批次母猪群分组情况,计算每批分娩母猪的数量,根据年更新率计算每批次母猪的更新率,从而得到每批断奶母猪头数,配种数量需根据每批分娩母猪数量和配种妊娠率、分娩率进行计算,最后根据配种数量和每批次分娩母猪数量计算得来。

表 8-15 各批次后备母猪更新需求

周批次生产	母猪存栏	每批次母猪更新率	每批分娩母猪数量	每批断奶母猪头数	每批次配种数量	每批次后备母猪更新需求
单周批次(21 d 哺乳期)	1 000	24.00%	50	38	58	20
单周批次(28 d 哺乳期)	1 000	25.21%	48	36	56	20
2 周批次	1 000	24.00%	100	76	117	41
3 周批次	1 000	25.21%	143	107	167	60
4 周批次	1 000	24.00%	200	152	234	82
5 周批次	1 000	25.21%	250	187	292	105

8.4 不同周期批次生产管理模式特点与典型案例

8.4.1 不同周批次下猪栏舍计算

根据母猪存栏头数、配种妊娠率(85%)、妊娠分娩率(95%)、母猪繁殖周期、产房周转一次天数、以及采用的不同周批次生产、妊娠舍饲养天数对产房需求单元数、每个产房单元产床数、产床总数、配种舍需求栏位数、妊娠舍需求栏位数进行计算(表 8-16)。

表 8-16　不同周批次生产下猪栏舍需求

设计生产批次数（周/批）	单周批	单周批	2 周批	3 周批	4 周批	5 周批
生产母猪存栏头数/头	N	N	N	N	N	N
批次间间隔/d	7	7	14	21	28	35
存栏母猪批次/批	20	21	10	7	5	4
每批次头数/头	$N/20$	$N/21$	$N/10$	$N/7$	$N/5$	$N/4$
产房需求单元数/个	5	6	2	2	1	1
每个产房单元产床数/个	$N/20$	$N/21$	$N/10$	$N/7$	$N/5$	$N/4$
产床总数/个	$N/4$	$N/3.5$	$N/5$	$N/3.5$	$N/5$	$N/4$
配种舍每批配种数/头	$(N/20)/(0.85\times0.95)$	$(N/21)/(0.85\times0.95)$	$(N/10)/(0.85\times0.95)$	$(N/7)/(0.85\times0.95)$	$(N/5)/(0.85\times0.95)$	$(N/4)/(0.85\times0.95)$
配种舍需求栏位数/个	$(N/20)\times5/(0.85\times0.95)$	$(N/21)\times6/(0.85\times0.95)$	$(N/10)\times2/(0.85\times0.95)$	$(N/7)\times2/(0.85\times0.95)$	$(N/5)/(0.85\times0.95)$	$(N/4)/(0.85\times0.95)$
妊娠舍饲养天数/d	85	85	85	85	85	85
妊娠舍存栏批次/批	12	12	6	4	3	2
妊娠舍每批头数/头	$(N/20)/0.95$	$(N/21)/0.95$	$(N/10)/0.95$	$(N/7)/0.95$	$(N/5)/0.95$	$(N/4)/0.95$
妊娠舍需求栏位数/个	$(N/20)\times12/0.95$	$(N/21)\times12/0.95$	$(N/10)\times6/0.95$	$(N/7)\times4/0.95$	$(N/5)\times3/0.95$	$(N/4)\times2/0.95$

①每批次头数＝生产母猪存栏/存栏母猪批次。

②每个产房单元产床数＝每批次头数。

③产床总数＝每个产房单元产床数×产房需求单元数。

④配种舍每批配种数＝每批分娩母猪数/配种分娩率（配种分娩率＝配种妊娠率×妊娠母猪分娩率）。

⑤配种舍需求栏位数＝配种舍每批配种数×产房需求单元数（配种 4 周后孕检，怀孕母猪转至妊娠舍）。

⑥妊娠舍存栏批次＝妊娠舍饲养天数/批次间隔。

⑦妊娠舍每批头数＝每批次头数/妊娠母猪分娩率。

⑧妊娠舍需求栏位数＝妊娠舍每批头数×妊娠舍存栏批次。

8.4.1.1　单周批次生产

单周批次分为两种情况,一种为哺乳期 21 d,产房分为 5 个单元;另一种为哺乳期 28 d,产房分为 6 个单元。两种单周批次生产的栏舍计算公式如下。

1. 21 d 哺乳期

①每个产房单元产床数＝每批次头数＝生产母猪存栏/存栏母猪批次＝$N/20$。

②产床总数＝每个产房单元产床数×产房需求单元数＝$(N/20)×5＝N/4$。

③配种舍每批配种数＝每批分娩母猪数/配种分娩率＝$(N/20)/(0.85×0.95)$。

④配种舍需求栏位数＝配种舍每批配种数×产房需求单元数＝$(N/20)×5/(0.85×0.95)$。

⑤妊娠舍存栏批次＝妊娠舍饲养天数/批次间隔＝$85/7＝12$。

⑥妊娠舍每批头数＝每批次头数/妊娠母猪分娩率＝$(N/20)/0.95$。

⑦妊娠舍需求栏位数＝妊娠舍每批头数×妊娠舍存栏批次＝$(N/20)×12/0.95$。

2. 28 d 哺乳期

①每个产房单元产床数＝每批次头数＝生产母猪存栏/存栏母猪批次＝$N/21$。

②产床总数＝每个产房单元产床数×产房需求单元数＝$(N/21)×6＝N/3.5$。

③配种舍每批配种数＝每批分娩母猪数/配种分娩率＝$(N/21)/(0.85×0.95)$。

④配种舍需求栏位数＝配种舍每批配种数×产房需求单元数＝$(N/21)×6/(0.85×0.95)$。

⑤妊娠舍存栏批次＝妊娠舍饲养天数/批次间隔＝$85/7＝12$。

⑥妊娠舍每批头数＝每批次头数/妊娠母猪分娩率＝$(N/21)/0.95$。

⑦妊娠舍需求栏位数＝妊娠舍每批头数×妊娠舍存栏批次＝$(N/21)×12/0.95$。

8.4.1.2　2 周批次生产

2 周批次生产的猪舍单元的具体栏舍计算如下。

①每个产房单元产床数＝每批次头数＝生产母猪存栏/存栏母猪批次＝$N/10$。

②产床总数＝每个产房单元产床数×产房需求单元数＝$(N/10) \times 2 = N/5$。

③配种舍每批配种数＝每批分娩母猪数/配种分娩率＝$(N/10)/(0.85 \times 0.95)$。

④配种舍需求栏位数＝配种舍每批配种数×产房需求单元数＝$(N/10) \times 2/(0.85 \times 0.95)$。

⑤妊娠舍存栏批次＝妊娠舍饲养天数/批次间隔＝$85/14 = 6$。

⑥妊娠舍每批头数＝每批次头数/妊娠母猪分娩率＝$(N/10)/0.95$。

⑦妊娠舍需求栏位数＝妊娠舍每批头数×妊娠舍存栏批次＝$(N/10) \times 6/0.95$。

8.4.1.3　3周批次生产

3周批次生产的猪舍单元的具体栏舍计算如下。

①每个产房单元产床数＝每批次头数＝生产母猪存栏/存栏母猪批次＝$N/7$。

②产床总数＝每个产房单元产床数×产房需求单元数＝$(N/7) \times 2 = N/3.5$。

③配种舍每批配种数＝每批分娩母猪数/配种分娩率＝$(N/7)/(0.85 \times 0.95)$。

④配种舍需求栏位数＝配种舍每批配种数×产房需求单元数＝$(N/7) \times 2/(0.85 \times 0.95)$。

⑤妊娠舍存栏批次＝妊娠舍饲养天数/批次间隔＝$85/21 = 4$。

⑥妊娠舍每批头数＝每批次头数/妊娠母猪分娩率＝$(N/7)/0.95$。

⑦妊娠舍需求栏位数＝妊娠舍每批头数×妊娠舍存栏批次＝$(N/7) \times 4/0.95$。

8.4.1.4　4周批次生产

4周批次生产的猪舍单元的具体栏舍计算如下。

①每个产房单元产床数＝每批次头数＝生产母猪存栏/存栏母猪批次＝$N/5$。

②产床总数＝每个产房单元产床数×产房需求单元数＝$N/5$。

③配种舍每批配种数＝每批分娩母猪数/配种分娩率＝$(N/5)/(0.85 \times 0.95)$。

④配种舍需求栏位数＝配种舍每批配种数×产房需求单元数＝$(N/5)/(0.85 \times 0.95)$。

⑤妊娠舍存栏批次＝妊娠舍饲养天数/批次间隔＝$85/28 = 3$。

⑥妊娠舍每批头数＝每批次头数/妊娠母猪分娩率＝$(N/5)/0.95$。

⑦妊娠舍需求栏位数＝妊娠舍每批头数×妊娠舍存栏批次＝$(N/5) \times 3/$

0.95。

8.4.1.5　5周批次生产

5周批次生产的猪舍单元的具体栏舍计算如下。

①每个产房单元产床数＝每批次头数＝生产母猪存栏/存栏母猪批次＝$N/4$。

②产床总数＝每个产房单元产床数×产房需求单元数＝$N/4$。

③配种舍每批配种数＝每批分娩母猪数/配种分娩率＝$(N/4)/(0.85×0.95)$。

④配种舍需求栏位数＝配种舍每批配种数×产房需求单元数＝$(N/4)/(0.85×0.95)$。

⑤妊娠舍存栏批次＝妊娠舍饲养天数/批次间隔＝$85/35＝2$。

⑥妊娠舍每批头数＝每批次头数/妊娠母猪分娩率＝$(N/4)/0.95$。

⑦妊娠舍需求栏位数＝妊娠舍每批头数×妊娠舍存栏批次＝$(N/4)×2/0.95$。

8.4.2　猪场批次生产可视化管理

批次生产的猪场使用记录板体系，可使不同批次的管理更容易，并能对整个猪群的情况有良好的概观。通过借助颜色、标牌、标识、卡片、白板、表格、挂图等一系列工具，形成员工对猪群生产共同理解的语言，进而提高各部门员工的协调和工作效率、预警、发现和追溯猪场存在的问题。同时借助一系列特殊工具达到轻松管理。

8.4.2.1　周生产看板管理

如表 8-17 所示，周看板主要是对每批次猪只配种情况、分娩情况和断奶情况进行跟踪，对怀孕期内母猪的情况进行跟踪，可以更清晰明了地知道猪只各阶段的生产情况。

如表 8-18 所示，对每阶段的猪群情况和每批次猪只的配种性能、分娩性能和断奶性能指标数据进行展示，能明确看到每批次猪只的生产成绩概况，是否达到计划的生产目标，对未达标原因及时进行分析。

表8-17　周生产看板

（刘向东提供）

××场××××年周看板

（注明：本栏数据是指对应配种各项生产成绩数据）

周次	日期	生产母猪存栏(2000)(100) 填量后一天的存栏数	空怀母猪头数(100)	后备(25)	经产(80) ≤7	经产(80) >7	异常	合计(105)	第1周	第2周	第3周	第4周	第5周	第6周	第7周	第8周	第9周	第10周	第11周	第12周	第13周	第14周	第15周	第16周	受胎率	分娩窝数	窝均活仔数	窝均初生健仔重	成活率	窝均断奶仔猪重	断奶日龄(校正25日龄)一周平均数/平均日龄	断奶仔猪总数	断奶母猪平均头数	断奶母猪发情率
第1周	1/2 1/8	1846	108	25	67	3	2	97	97	97	97	92	87	84	83	83	83	83	83	83	83	81	81	81	87.63%									
第2周	1/9 1/15	1856	106	32	63	9	3	107	107	107	107	107	101	96	91	94	94	96	93	93	93	93	92	92	89.62%									
第3周	1/16 1/22	1886	147	31	64	7	4	106	106	106	106	106	96	96	96	96	96	96	96	96	96	95	95		91.51%									
第4周	1/23 1/29	1861	142	7	73	7	5	92	92	92	90	85	85	85	85	85	85	85	85	85	85				92.39%									
第5周	1/30 2/5	1827	135	1	77	8	5	91	91	91	91	89	89	88	88	88	88	88	88	85					97.80%									
第6周	2/6 2/12	1796	99	0	111	11	5	127	127	127	124	121	117	116	116	116	116	116	116						97.63%									
第7周	2/13 2/19	1792	101	14	29	25	5	73	73	73	73	72	69	67	67	67	67	66	65						94.52%									
第8周	2/20 2/26	1812	85	36	44	4	2	86	86	86	86	86	83	81	81	81	81								96.51%									
第9周	2/27 3/5	1860	78	61	36	5	2	104	104	104	103	102	101	95	95	95	94								91.35%									
第10周	3/6 3/12	1905	111	61	38	4	3	106	106	106	106	106	101	101	101										95.28%									
第11周	3/13 3/19	1905	94	24	70	5	6	105	105	105	105	103	95	95											90.48%									
第12周	3/20 3/26	1898	123	10	57	4	3	74	74	74	73	72	69	69											93.24%									
第13周	3/27 4/2	1899	123	16	80	7	4	107	107	107	107	107	104												97.20%									
第14周	4/3 4/9	1902	109	13	77	10	2	102	102	102	102	100																						
第15周	4/10 4/16	2041	121	3	66	9	6	84	84	84	84																							
第16周	4/17 4/23	2084	130	6	90	9	3	108	108	108																								
第17周	4/24 4/30	2087	140	0	97	3	6	106	106																									
……	……																																
第52周	12/25 12/31																																

表 8-18　周生产性能统计表

母猪生产性能分析		1	2	3	4	5	6	7	8	9	10	⋯	50	51	52
母猪群	期末母猪的存栏量/头														
	期末生产母猪存栏量/头														
	期末后备母猪的存栏量/头														
	平均胎次														
	入群的母猪														
	淘汰的母猪														
	死亡母猪数														
	总离场母猪														
	更新率														
	母猪死亡率														
	淘汰率														
配种性能	总配种头数														
	第一次配种头数														
	复配数														
	复配比例														
	后备配种数														
	断奶后第一次配种数														
	断配间隔/d														
	受孕率(第 35 天)														
	分娩率（批次）														
分娩性能	分娩窝数														
	窝产仔数<7 的母猪														
	窝均总仔数														
	窝均活仔数														
	窝均健仔数														
	窝均死胎数														
	窝均弱仔数														
	窝均畸形数														
	死胎率														
	窝均木乃伊数														
	木乃伊														
	分娩率														

续表8-18

母猪生产性能分析		1	2	3	4	5	6	7	8	9	10	…	50	51	52
分娩性能	妊娠期														
	初生重/kg														
	流产														
	胎数/母猪/年														
	活仔数/配种母猪/年														
产奶性能	断奶窝数														
	期间内断奶的仔猪														
	窝均断奶数														
	最后一次断奶平均哺乳期长/d														
	断奶后7 d内配种比例														
	平均断奶日龄														
	断奶个体重/kg														
	断奶前死亡数														
	断奶前死亡率														
	断奶头数/配种母猪/年														
	断奶头数/母猪/年（PSY）														

8.4.2.2 周配种看板管理

如图8-5所示,周生产管理看板主要是对每周配种情况进行跟踪,同时使用周生产管理看板可以更清楚地知道该批次猪只在某一时间段需要做什么工作,比如配种后第4～5周进行测孕,第16周需要将母猪赶至产房待产。

周批次生产管理看板						
异常猪只色标标识:空怀:蓝色 返情:黄色 流产:紫色 死亡:红色 淘汰:橙色						
1	2	3	4	5	6	7
8	9	10	11	12	13	14
15	16	17	18	19	20	21

图8-5 周批次生产管理看板
（刘向东供图）

如表 8-19 所示,对每周配种猪只的配种情况进行跟踪,跟踪内容包括与配公猪、配种日期、测孕情况、预产期,保证批次生产的有效衔接,同时可以对异常猪只通过使用不同颜色荧光笔进行标记,如空怀猪只使用蓝色进行标记,返情猪只使用黄色进行标记,流产猪只使用紫色进行标记,死亡猪只使用红色进行标记,淘汰猪只使用橙色进行标记。

表 8-19　周配种记录

周配种记录卡(第____周)											
序号	栋舍/栏位	品系	母猪耳号	胎次	配种公猪	配种日期	配种员	28 d妊娠检查	35 d妊娠检查	预产期	备注
1											
2											
3											
4											
5											
6											
7											
8											
9											
10											
11											
12											
13											
14											
15											
16											
17											
18											
19											
20											
21											
22											
23											
24											
25											
26											
27											
28											
29											
30											

8.2.2.3 色标管理

1. 周生产看板标记

对于达标的指标使用绿色标记,不达标的指标使用红色标记。根据周生产看板不达标项进行分析,作为关键整改指标,对于提高生产成绩有很好的作用。

2. 周配种看板

每批次配种的猪只中,空怀猪只使用蓝色进行标记,返情猪只使用黄色进行标记,流产猪只使用紫色进行标记,死亡猪只使用红色进行标记,淘汰猪只使用橙色进行标记。便于跟踪每批次配种猪只的数量、分娩数量。

3. 可视化管理标识

如表8-20所示,扬翔农牧猪场使用了以下可视化标识对猪只或卡片进行标记,便于生产人员及时对病弱猪只进行治疗,也能更好地跟踪异常猪只,对无效猪只及时进行淘汰。

表 8-20 ××××猪场可视化管理标识

(刘向东提供)

脚痛	T	奶妈	＋
拉稀	L	非断	－
喘气	C	淘汰	×
子宫炎	△	返情	F
空怀	○	便秘	M
流产	⊗	不吃料	B

8.2.2.4 可视化管理的优点

1. 生产体系化

使用可视化管理可以对全场母猪的状况一目了然,使各批次母猪生产、各阶段生产有效衔接,让工作计划清晰明了。对母猪繁殖问题能更及时有效地进行追踪和分析。

2. 工作内容具体化

进行可视化管理,可以科学固化周工作日程,使班组更有序的协同配合,当生产人员有休假,需要别人代班时能够一目了然地知道工作内容,从而大幅度提高了工作效率。

3. 生产管理和监督管理

对每批次猪只主要生产指标进行看板公示,对不达标项和达标项进行不同颜色的标记,可以及时发现异常,制定方案解决问题。也能轻松地实现不同批次的生产情况对比,及时跟踪数据也能更好地监督保证生产数据真实有效。

4. 解决猪的繁殖问题

对配种数据进行可视化管理,以及对异常猪只进行颜色标识,可以使返情空怀时间具体化,流产阶段数量清晰化,后备和老胎龄母猪可视化,对于总是出现异常的阶段的饲养管理进行分析,进一步解决问题,从而大幅提高繁殖效率。

5. 便于监督和生产计划安排

对于每批次猪只的生产性能进行统计,便于更好地安排引种计划,以及有序地进行生产工作安排,固定猪只销售时间,更高效地完成工作,利于管理人员对生产的监督。

8.4.3 猪场批次生产工作安排

每天或每周都在执行的母猪配种、母猪查情等工作,集中于短时间内完成,可节省工作时间,提高管理效率。可以改变员工没有休息日的现状,让工作变得有计划性和可预知性,批次生产使员工的工作量相对集中,便于在工作量大的时候调动员工或聘请临时工人支持。

以下根据不同批次生产流程对生产人员每天工作进行了分工,工作安排分为配怀组和产房组,配怀的主要工作包括查情、配种、测孕等,产房的主要工作包括接产、产后保健、冲栏等。除去工作时间,空闲时间可对人员进行调动和安排休假。

8.4.3.1 单周批次生产工作安排

单周批次生产工作以一周为一个周期,一周内每天进行不同的工作(表 8-21)。星期一时,产房组进行断奶,转断奶仔猪到保育线,转断奶母猪到配怀舍;配怀组接断奶母猪,测断奶母猪背膘。星期二时,产房组对星期一断奶产房单元进行冲洗,此时分娩舍也需要安排生产人员进行接产;配怀组则需要接后备猪,同时对 108 d 孕龄的怀孕母猪进行测孕工作。星期三时,产房主要工作是接产;星期四时,配怀组将待产母猪转至产房;产房组接待产母猪;星期五时,星期一断奶的母猪开始集中发情,配怀组开始对断奶母猪进行集中配种;产房组星期五、星期六时主要做仔猪护理保健工作。星期日时,配怀和产房组进行淘汰母猪的销售。

表 8-21 单周批次生产工作安排

	时间	配怀组	产房组
1	星期一	接断奶母猪,测膘(断奶)	断奶、洗产床
2	星期二	后备猪转入、测膘(108 d 孕龄)	洗产床、接产
3	星期三	疫苗免疫、测孕、驱虫	接产
4	星期四	上待产母猪、测膘(30 d、80 d 孕龄)	接待产母猪
5	星期五	配种	阉猪
6	星期六	配种、30 d 孕龄猪转群	打苗、疝气猪去势
7	星期日	调整猪群(配后转栏),销售淘汰猪	销售淘汰母猪、断奶仔猪称重

8.4.3.2　2周批次生产工作安排

2周批次生产工作以2周为一个周期，2周内每天进行不同的工作（表8-22）。2周批次中一周主要进行查情配种工作，一周主要进行产房分娩工作，在2周批次中生产人员休假安排则可以在配种时安排产房人员休假，在分娩时安排配种人员休假。

表8-22　2周批次生产工作安排

	时间	配种人员组	产房人员组
1	星期五	查情、28 d测孕、调膘	洗产床
2	星期六	查情	洗产床
3	星期日	查情	洗产床
4	星期一	小配、上待产母猪	上待产母猪
5	星期二	大配	
6	星期三	小配	小生
7	星期四	查情	大生、寄养
8	星期五	查情	大生、寄养
9	星期六	查情	小生、寄养
10	星期日	查情	产后保健
11	星期一		阉猪
12	星期二		打苗、疝气猪去势
13	星期三		
14	星期四	接收断奶母猪	母猪断奶

8.4.3.3　3周批次生产工作安排

3周批次生产工作以3周为一个周期，3周内每天进行不同的工作（表8-23）。3周批次生产分娩占一周时间，配种占一周时间，中间有一周时间就是一些基本的饲养工作，在这一周可以安排休假。

表8-23　3周批次生产工作安排

	时间	配种人员组	产房人员组
1	星期五	查情	洗产床、阉猪
2	星期六	查情	洗产床
3	星期日	查情	洗产床
4	星期一	小配	教槽
5	星期二	大配	
6	星期三	小配	维修产床
7	星期四	查情、上待产母猪	上待产母猪

续表 8-23

	时间	配种组	产房组
8	星期五	查情、调膘	
9	星期六	查情	
10	星期日	查情	
11	星期一		
12	星期二		
13	星期三	后备母猪免疫	离母
14	星期四	28 d 测孕、加料	小生
15	星期五		大生、寄养
16	星期六		大生、寄养
17	星期日		小生、寄养
18	星期一	调膘	产后保健
19	星期二	33 d 测孕	阉猪
20	星期三	查情、转妊娠舍	打苗、疝气猪去势
21	星期四	查情、接收断奶母猪	断奶

8.4.3.4　4周批次生产工作安排

4 周批次生产工作以 4 周为一个周期,4 周内每天进行不同的工作(表 8-24)。4 周批次生产分娩占一周时间,配种占一周时间,有 2 周时间就是一些基本的饲养工作,在这 2 周可以安排休假。

表 8-24　4 周批次生产工作安排

	时间	配种人员组	产房人员组
1	星期五	查情	洗产床
2	星期六	查情	洗产床
3	星期日	查情	洗产床
4	星期一	小配、上待产母猪	上待产母猪
5	星期二	大配	
6	星期三	小配	
7	星期四	查情	小生
8	星期五	查情、28 d 测孕、调膘	大生、寄养
9	星期六	查情	大生、寄养
10	星期日	查情	小生、寄养
11	星期一		产后保健
12	星期二	后备母猪免疫	阉猪
13	星期三		打苗、疝气猪去势

续表 8-24

	时间	配种人员组	产房人员组
14	星期四	35 d 测孕	
15	星期五	转妊娠舍	教槽
16	星期六		
17	星期日		
18	星期一		
19	星期二		
20	星期三		
21	星期四		
22	星期五	调膘	
23	星期六		
24	星期日		
25	星期一		
26	星期二		
27	星期三		离母
28	星期四	查情、接收断奶母猪	断奶

8.4.3.5　5 周批次生产工作安排

5 周批次生产工作以 5 周为一个周期，5 周内每天进行不同的工作（表 8-25）。5 周批次生产分娩占一周时间，配种占一周时间，断奶占一周时间，有 2～3 周时间就是一些基本的饲养工作，在这段时间可以安排休假。

表 8-25　5 周批次生产工作安排

	时间	配种人员组	产房人员组
1	星期一	配种	洗产床
2	星期二	配种	洗产床
3	星期三	配种	洗产床
4	星期四	配种	洗产床
5	星期五	只进行必要的复配，不再首配	洗产床
6	星期六		上待产母猪
7	星期日		上待产母猪
8	星期一		待产
9	星期二		待产
10	星期三		产仔
11	星期四		产仔

续表 8-25

	时间	配种人员组	产房人员组
12	星期五		产仔
13	星期六		产仔
14	星期日		产仔
15	星期一		产后保健
16	星期二		阉猪
17	星期三		打苗、疝气猪去势
18	星期四	配种后 18 d 开始查返情	
19	星期五	查返情	
20	星期六	查返情	
21	星期日	查返情	
22	星期一	查返情	
23	星期二	查返情	
24	星期三	查返情	
25	星期四	查返情	
26	星期五	查返情	
27	星期六	配种后 24 d 结束查返情	
28	星期日		
29	星期一		
30	星期二		
31	星期三		
32	星期四	妊娠检查	
33	星期五	妊娠检查	
34	星期六		仔猪断奶
35	星期日	接断奶母猪	母猪断奶

8.4.4 批次管理典型案例

8.4.4.1 集团企业转型关键

1. 定目标

我们主要需要确定的目标包括分娩目标、配种目标、引种目标和后备母猪培育目标。根据猪场栏舍配套、生产节律及产能确定分娩目标;根据分娩率、每批次分娩母猪数量确定配种目标;根据断奶 7 d 发情率、后备母猪发情配种率、公司淘汰制度确定引种目标;根据后备母猪选种率、后备猪标准确定后备母猪培育目标。

2. 根据断奶进行批次分群

根据猪场规模大小,选择适合的批次生产模式,从而确定断奶时间,单周批次 1 周断奶一次,2 周批次 2 周断奶一次,3 周批次 3 周断奶一次,4 周批次 4 周断奶一次,5 周批次 5 周断奶一次。断奶需要注意每一批断奶数量均衡。

3. 后备母猪补充与问题母猪淘汰都需要兼顾

需要灵活执行猪只淘汰制度,当待配猪多时,可以适当多进行淘汰,而当待配猪少时,则尽量少淘汰。

8.4.4.2 1 100 头规模猪场连续生产转周批次生产案例

1. 转型情况

一典型猪场,规模为 1 100 头,2016 年由连续式生产逐步转型 2017 年单周批次生产,2016 年配种分布不均衡,2017 年转型后配种基本均衡(图 8-5),猪场 2016 年周配种不固定,偏差大,后备母猪补充不固定;2017 年转型周批次生产,周配种量固定,后备母猪补充充足。

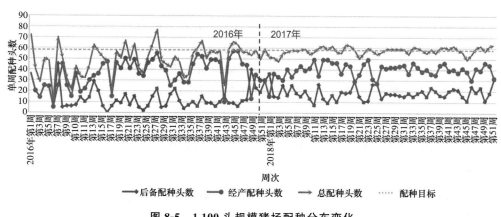

图 8-5 1 100 头规模猪场配种分布变化

(刘向东供图)

在转型前使用连续式生产,从连续式生产的工作节奏分布(图 8-6)可以看出,在这种生产模式下,并没有规律的生产节律,且每周工作节奏不固定,每周每天都有猪断奶、配种、分娩导致工作十分繁忙,且不能对猪群进行分群。所以连续式生产是无法进行全进全出的,这非常不利于对疾病的防控,进而增加了疫病传播风险。同时,在连续式生产条件下,不能更好地对母猪的繁殖性能进行比较分析,因而对于提高猪群生产成绩很不利。选择合适的批次生产模式有利于提高猪群生产成绩。

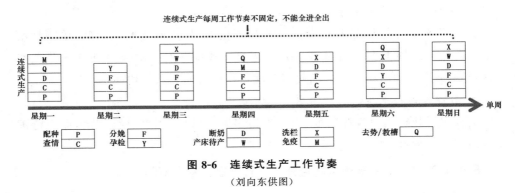

图 8-6 连续式生产工作节奏
（刘向东供图）

2. 转型产能设计

计划从连续式生产转为单周批次生产后，对猪场产能进行计算（表 8-26）。猪场规模 1 100 头，年产胎次 2.4 胎，单周批次生产批次间隔 7 d，哺乳期 28 d，繁殖周期为 147 d，母猪群分为 21 组，每年分娩批次为 52 批，因而可以计算如下。

年分娩母猪数＝母猪规模×年产胎次＝1 100×2.4＝2 640（头/年）

单批次分娩母猪数＝单批次断奶母猪数＝年分娩母猪数量/（年周数/批次）＝2 640/52＝51（头）

以分娩率为 88%，断奶 7 d 内发情率为 85% 对单批次配种总母猪数、单批次配种断奶母猪数及单批次配种后备母猪数进行如下计算。

单批次配种总母猪数＝单批次断奶母猪数/分娩率＝51/88%＝58（头）

单批次配种断奶母猪数＝单批次断奶母猪数×断奶 7 d 内发情率＝51×85%＝43（头）

单批次配种后备母猪数＝单批次配种总母猪数－单批次配种断奶母猪数＝58－43＝15（头）

在单周批次设计中，该规模猪场的年更新率＝单批次配种后备母猪数×（年周数/批次）/母猪规模＝15×52/1 100＝70%。

表 8-26 1 100 头规模猪场产能设计

项目	参数
设计规模/头	1 100
年产胎次	2.4
批次间隔/d	7(单周批)
断奶时间/周	4
繁殖周期/周	21
年分娩批次/(批/年)	52
繁殖母猪群	21 个小群体
年分娩母猪数量/(头/年)	1 100×2.4＝2 640
单批次分娩母猪数量/(头/年)	2 640/52＝51
单批次断奶母猪数量(头/年)	51
分娩率/%	88
单批次配种总母猪数/(头/周)	58
断奶 7 d 内发情率/%	85
单批次配种断奶母猪数/(头/周)	51×85%＝43
单批次配种后备母猪数/(头/周)	58－43＝15
年更新率/%	15×52/1 100×100＝70

1 100 头规模猪场由连续式生产转为单周批次生产,猪场为封闭式栏舍,产房 5 个单元;妊娠舍为定位栏饲养,后备舍为大栏饲养。其栏位总数是固定的,即 5 个产房单元,每个单元 56 个产床,共计 280 个产床,隔离舍共 180 个栏位,配种妊娠舍共 300 个定位栏,妊娠舍共 612 个定位栏(表 8-27)。在单周批次生产情况下,猪场的栏位配套如表 8-27 所示,每批次需要一个产房单元,即 56 个产床。

表 8-27 1 100 头规模猪场单周批次栏位配套

批次		单周批
批次间隔/d		7
单元数		5
分娩舍	实际产床数	56×5＝280
	需要产床数	56
后备隔离舍	实际栏位数	18×10＝180
	需要栏位数	180
配种妊娠舍	实际栏位数	300
	需要栏位数	300
妊娠舍	实际栏位数	51×4×3＝612
	需要栏位数	520

从连续式生产转单周批次生产,需要改变之前连续式生产断奶时间不固定的情况,改为每周固定星期六断奶,每星期六断奶 51 头母猪,原本连续式生产在星期六之前断奶的推后至星期六断奶,原本连续式生产在星期六之后断奶的提前至星期六断奶。开始转型后,后备母猪引种也需同步进行改变(图 8-7),该猪场 2016 年引种不规律,从 2016 年 10 月开始转型周批次生产,引种逐渐规律,每 2 个月引种一次,提供稳定的后备母猪。

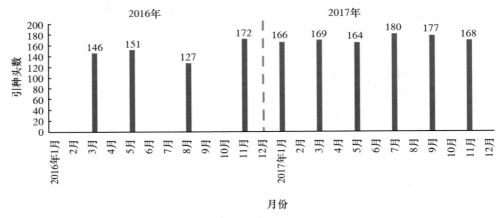

图 8-7　转型单周批次生产后备母猪引种情况

(刘向东供图)

3. 转型成果

从连续式生产转为单周批次生产后,生产更加规律,因而对母猪的管理更加方便,每周有一批母猪分娩、一批母猪断奶、一批母猪配种。流产、返情、空怀的母猪可以在情期时与该周断奶母猪一起配种入群(图 8-8)。

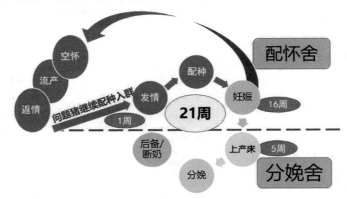

图 8-8　单周批次生产流程

(刘向东供图)

连续式生产每天都有断奶、配种、分娩事件发生,每天工作节奏不固定,很忙。在转为单周批次生产后,可以发现虽然单周批次生产也是每周都有断奶、配种、分娩发生,但是它是集中在一周中的某几天完成。以一周为周期,每天工作节奏固定,工作效率更高(图8-9)。

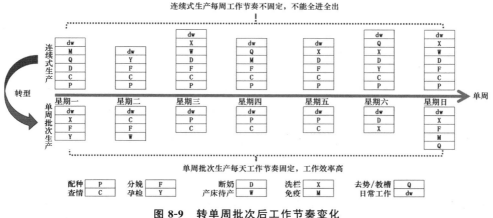

图8-9 转单周批次后工作节奏变化

(刘向东供图)

8.4.4.3 565头规模猪场单周批次生产转5周批次生产案例

1. 转型情况

一典型猪场,规模为565头,在2016年9月前为连续式生产,9月开始调整为单周批次生产,2016年9月前很不均衡,实行单周批生产均衡性有提高但仍有较大波动性(图8-13)。由连续式生产转型为单周批次生产后,配种目标为每周配种28头。

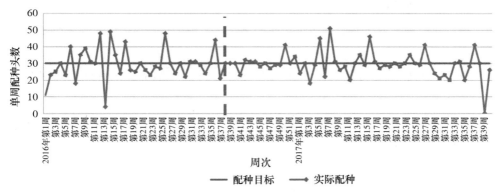

图8-10 565头规模猪场配种分布

转型为单周批次生产后,每周都有断奶、配种、分娩工作,猪少,但需要的人员多,导致每周工作都很忙,人多却效率低的情况(图 8-11)。

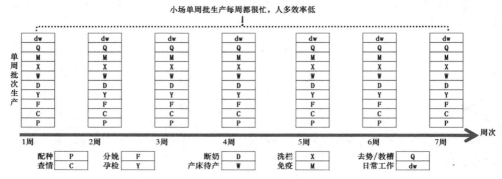

图 8-11 565 头规模猪场单周批生产工作节奏

(刘向东供图)

2. 转型关键

计划从单周批次转为 5 周批次生产后,对猪场产能进行计算(表 8-28)。猪场规模 565 头,年产胎次 2.4 胎,5 周批次生产批次间隔 35 d,哺乳期 28 d,繁殖周期为 147 d,母猪群分为 4 组,每年分娩批次为 10 批,因而可以计算如下。

年分娩母猪数=母猪规模×年产胎次=565×2.4=1 356(头/年)

单批次分娩母猪数=单批次断奶母猪数=年分娩母猪数量/(年周数/批次)=1 356/(52/5)=130(头)

以分娩率为 90%,断奶 7 d 内发情率为 85% 对单批次配种总母猪数、单批次配种断奶母猪数及单批次配种后备母猪数进行如下计算。

单批次配种总母猪数=单批次断奶母猪数/分娩率=130/90%=144(头)

单批次配种断奶母猪数=单批次断奶母猪数×断奶 7 d 内发情率=130×85%=110(头)

单批次配种后备母猪数=单批次配种总母猪数—单批次配种断奶母猪数=144—110=34(头)

在 5 周批次设计中,该规模猪场的年更新率=单批次配种后备母猪数×(年周数/批次)/母猪规模=34×(52/5)/565=62.6%。

表 8-28　565 头规模猪场产能设计

项目	猪场参数
设计规模/头	565
年产胎次	2.4
批次间隔/d	35(5 周批)
断奶时间/周	4
繁殖周期/周	21
年分娩批次/(批/年)	10
繁殖母猪群	4
年分娩母猪数量/(头/年)	565×2.4=1 356
单批次分娩母猪数量/头	1 356/(52/5)=130
单批次断奶母猪数量/头	130
分娩率/%	90
单批次配种总母猪数/(头/周)	144
断奶 7 d 内发情率/%	85
单批次配种断奶母猪数/(头/周)	130×85%=110
单批次配种后备母猪数/(头/周)	144-110=34
年更新率/%	34×(52/5)/565×100=62.6

　　565 头规模猪场由单周批次转为 5 周批次,其栏位总数是固定的,即 5 个产房单元,每个单元 28 个产床,共计 140 个产床,隔离舍共 50 个定位栏,妊娠舍共 569 个定位栏。单周批与 5 周批栏位配套区别在于每批次所需的产床数量和隔离舍所需定位栏数量不同(表 8-29)。单周批次时,需将产房分为 5 个单元,每批次使用一个产房单元即 28 个产床;隔离舍所需定位栏 7 个,即每周补充 7 头后备母猪。5 周批次时,只需要一个产房单元,将 5 个产房合为一个产房单元,每批次使用 140 个产床;隔离舍所需定位栏 35 个,即每 5 周补充 35 头后备母猪。

表 8-29　565 头规模猪场 5 周批次与单周批次栏位配套

批次		5 周批	单周批
批次间隔/d		35	7
单元数		5	5
分娩舍	实际产床数	28×5=140	28×5=140
	需要产床数	140	28
隔离舍(补充后备母猪)	实际栏位数	50	50
	需要栏位数	35	7
配种妊娠舍	实际栏位数	569	569
	需要栏位数	425	425

2017 年从第 40 周断奶开始,执行断奶母猪淘汰,持续到 2018 年第 8 周更新率达到了 100%。转型后的第 14 周开始第一批猪断奶,之后的非配种周出现返情、流产、空怀、7 d 内不发情等异常母猪全部执行淘汰制度(图 8-12)。并且从 2017 年第 36 周开始为了转型 5 周批生产,第 36～45 周不补充猪,第 46 周、第 51 周、第 4 周、第 9 周大量引种转型(4 个批次)(图 8-13),转型后本场断奶周同时引种后备母猪更新群体。转型后由之前的每星期四断奶转变为每星期一断奶。

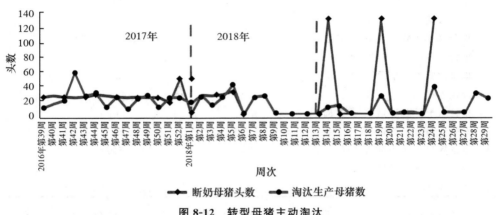

图 8-12　转型母猪主动淘汰

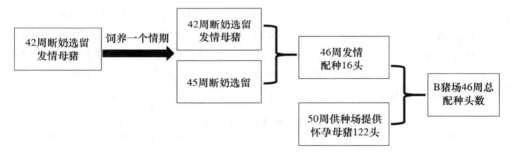

图 8-13　转型期间引种方式

3. 转型成果

由单周批次转型为 5 周批次后,批次生产流程如图 8-14 所示,每 5 周上一批次待产母猪进行分娩,断奶后进行配种,配种后有流产、空怀、返情的猪只根据生产情况进行主动淘汰。

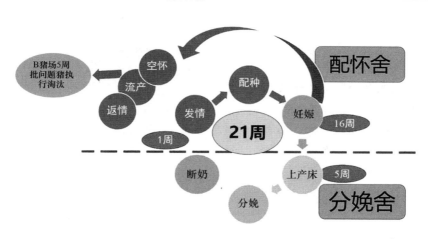

图 8-14　5 周批次生产流程

如图 8-15 所示,565 头规模猪场单周批次生产时,每周都有断奶、配种、分娩工作,猪少,但需要的人员多,导致每周工作都很忙,人多却效率低的情况,在转型为 5 周批次生产后,工作安排上只有 2 周比较忙,剩余 3 周比较清闲,这个时候就可以安排休假。

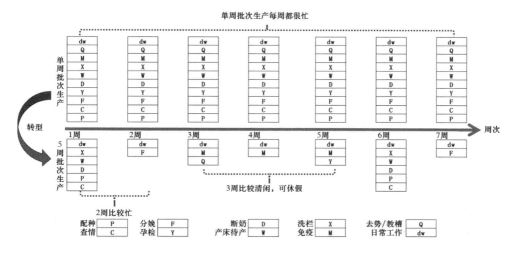

图 8-15　转多周批次后工作节奏变化

思考题

1. 什么是批次生产?
2. 批次生产的优势是什么?
3. 批次生产如何分类?
4. 不同批次生产的生产流程是什么?
5. 各周批次生产有何特点?

第9章

国内外母猪批次生产技术研发和应用

批次生产技术是以同批母猪定时输精为核心，对一批母猪发情、卵泡发育和排卵进行调控，再利用诱导分娩，使该批母猪在1～2 d内集中分娩，从而达到母猪批次生产目的的一项技术。该技术一般包括母猪发情同步化、卵泡发育同步化、排卵同步化、定时输精和分娩同步化等几个技术环节。该技术的发展和应用得益于对猪卵泡发育和排卵等内分泌调节相关知识的理解，并开发出了调控母猪发情、卵泡发育和排卵等外源生殖激素（生殖活性药物）的相关产品，使该技术在猪场高效生产中的应用成为可能。

德国是最早开展母猪批次生产技术研究和应用的国家，虽然在20世纪七八十年代才在实际应用层面提出母猪批次生产的概念，但德国早在20世纪40年代已就母猪卵泡发育、排卵等调控技术开展了大量研究和应用试验。Tanabe等（1949）首次用马绒毛膜促性腺激素（eCG，国内通常被称为PMSG）和绵羊垂体提取物对经产母猪进行处理，刺激卵泡发育和排卵。1969—1974年，Polge和Hunter等研究者利用美他硫脲抑制母猪发情和卵泡生长，然后再用马绒毛膜促性腺激素（eCG）刺激卵泡发育和利用人绒毛膜促性腺激素（hCG）诱导排卵，该技术程序的成功应用被认为在调控母猪繁殖周期方面具有里程碑意义。在1970年前后，随着在东欧，特别是在东德地区规模性猪场的迅速发展，农场主们对类似调控母猪繁殖周期的技术表现出了强烈需求，东欧地区国家对母猪批次生产技术开展了大量的研究和生产试验及应用。

在母猪繁殖周期调控方面，经产母猪通过同期断奶技术调控繁殖周期。对后备母猪而言，一般通过抑制卵泡发育或使卵巢功能维持在黄体期两种技术手段调控猪繁殖周期。在抑制卵泡发育上，孕激素本身效果并不好，反而合成的孕激素类似物如美他硫脲则能较好地抑制猪卵泡的发育。但该药物具有致畸形缺陷,早在20世纪70年代初期就在美国和欧洲等地区禁止使用了。1973—1989年,锌化的美他硫脲被广泛应用于东德等地区规模猪场,但到了1990年前后,该药品又被效果更好、作用更安全的烯丙孕素所代替。目前,烯丙孕素(欧洲的 Regumate® 和北美的 Matrix®)是唯一被许可用于欧洲和北美母猪的具有孕激素效应的药物,英国也在1985年有了类似产品问世。在20世纪90年代初期,就烯丙孕素饲喂剂量和饲喂时间等技术问题,不同国家和地区有所不同。例如在法国和德国的一些地区,偏向于饲喂20 mg/d,连续饲喂18 d;而在德国的其他地区,每头母猪饲喂剂量为16～20 mg/d,连续饲喂15 d 也能取得良好的效果;再如在北美地区,一般建议每头母猪每天服用15 mg,连续饲喂14 d 等。

在促进猪卵泡发育技术方面,在20世纪五六十年代,eCG 广泛应用于促进卵泡发育,但 eCG 的生物学活性不是很稳定,与该药品的生产批次有很大关系。在eCG 活性成分中,FSH/LH 的生物学活性一般为0.14～0.31,因此要确定 eCG 最佳使用量及效果,需要对每批次的 eCG 做生产验证。早期东德的实验结果表明,在后备母猪上的用量为800～1 000 IU,在经产母猪上的用量为600～800 IU。在2000年左右,eCG 又和 hCG 联合使用,共同用于促进猪卵泡发育,但后来大量实践结果表明,上述激素的联合使用虽然能促进卵泡发育,但容易导致卵巢囊肿。因此,后来在德国,eCG 和 hCG 的联合使用模式逐渐淡出生产应用。然而同期在美国,400 IU 的 eCG 和200 IU 的 hCG(PG600),却被广泛应用于猪场批次生产实践中。2000年以后,GnRH 及其类似物也在德国规模猪场中大量使用,促进母猪发情和卵泡发育。

在批次生产技术应用早期,hCG 和 GnRH 类似物均被广泛应用于促进母猪排卵上,如 Tanabe 于1949年、Hunter 于1967年分别用 hCG 和羊垂体提取物处理母猪,均有效诱发了母猪的排卵反应。基于前期大量研究,在20世纪七八十年代国外母猪批次程序一般为:在断奶当天应用 eCG,促进卵泡发育,在 eCG 作用78～80 h 后再用 hCG,促进卵子进一步成熟和排卵。按照此程序处理母猪,一般在hCG 处理后的42～52 h 间,猪就会发生排卵反应,因此输精时间一般被安排在hCG 处理之后的第36小时和第42小时左右。2000年以后,具有更高促排效果的猪促黄体素(pLH)在加拿大上市。如果在断奶当天应用 eCG 处理经产母猪,在处理后的80 h 再应用 pLH 处理,断奶母猪在 pLH 处理后的34～42 h 集中排卵,排卵时间更加集中可控。由于 GnRH 能够诱导垂体分泌 FSH 和 LH 等这些内源性的生殖激素,应用 GnRH 的作用效果要优于外源注射 hCG。在20世纪七八十年代以前,德国的 Brüssow 等对 GnRH 及其类似物在猪促排方面做了大量研究,包括 GnRH 和 hCG 之间不同比例配合使用,对猪促排和繁殖力的影响等。后来市场上也出现过一些 GnRH 类似物的产品,如 D-Phe6-LHRH(Gonavet®,德国)等,被证明具有很好的促排卵效果。生产实践表明,在分娩当天母猪用 1 000 IU 的 eCG 处理 78~80 h 后,再用 50 μg/头的 D-Phe6-LHRH 处理,分别在 GnRH 作用后的 24 h 和 40 h 进行 2 次人工输精,能起到较好的批次生产效果,显著提高了母猪繁殖力。同期大量生产实践表明,单独应用 D-Phe6-LHRH 优于 D-Phe6-LHRH 和 hCG 联合使用及优于 hCG 单独使用对促排的作用效果,而且卵巢囊肿发生率大大降低。在 20 世纪 90 年代末和 2000 年初期,其他 GnRH 类似物如曲普瑞林、戈舍瑞林以及布舍瑞林等也被用于母猪批次生产中。

从 20 世纪 90 年代末,特别是进入 2000 年以后国外猪场批次生产技术已比较成熟,主要有两大技术应用模式:德式(包括德国、东欧各国)和法式(包括法国、丹麦、英国、加拿大、美国等)。法式母猪批次生产技术一般为:后备母猪采用烯丙孕素饲喂法、经产母猪采用统一断奶法来实现性周期同步化,在随后的 1 d 左右时间内通过观察母猪发情状态进行配种,再利用同期分娩技术实现母猪批次生产;德式的技术模式为:后备母猪采用烯丙孕素饲喂法、经产母猪采用集中断奶等技术手段,使母猪发情同步化,然后再分别利用 eCG 和 GnRH 类似物使卵泡发育同步化和排卵同步化,随后采用定时输精技术,在 2~3 d 内集中配种,最后采用分娩同步化,完成母猪批次生产的技术流程。

我国在猪批次生产技术研究和应用方面起步比较晚,相关研究和应用主要集中在最近 10 年左右。从 2010 年前后至今,花泽雄、翁士乔、沈君、陈辉、方礼禄以及崔茂盛等学者先后就母猪批次生产技术及应用环境、母猪体况等因素对母猪发情质量、配怀率以及产仔数等繁殖力指标开展了学术探讨。2010 年以后,随着规模猪场的迅速发展,国内规模猪场对以定时输精为核心的批次生产技术需求愈发迫切,但是此技术在我国推广过程中也遇到了一系列问题,技术效果也并非十全十美。2016 年,由中国农业大学牵头,邀请我国相关科研院校、国内大型养猪企业共同成立了全国母猪定时输精技术开发与产业化应用协作组(简称"协作组"),对母猪定时输精、同期分娩及批次生产相关技术进行研发。

由于我国 pLH 的紧缺和国家的相关规定,pLH 并没有得到较为广泛的应用;一般都是通过注射 GnRH 的类似物戈那瑞林来促进垂体分泌 LH,达到促进排卵的目的。

目前在国内,德式技术中后备母猪批次方案一般为:通过 18 d、每天 20 mg 烯丙孕素的饲喂,在停喂烯丙孕素 42 h 后注射 1 000 IU 的 PMSG 促进卵泡发育,在注射 PMSG 的 80 h 后注射 100 μg 的戈那瑞林,在此后的第 24 小时和第 40 小时进行 2 次人工输精；经产母猪批次生产技术方案一般为：对哺乳 3~4 周的母猪集中断奶，24 h 后注射 1 000 IU 的 PMSG 促进卵泡发育，再隔 72 h 注射 100 μg 的戈那瑞林促进排卵，在此后的第 24 小时和第 40 小时进行 2 次人工输精；如果哺乳时间超过 4 周，则适当缩短注射戈那瑞林与 PMSG 之间的时间间隔，一般间隔时间为 56 h，然后在注射戈那瑞林后的第 24 小时和第 40 小时进行 2 次人工输精。输精时，在精液中添加 10 μg 的缩宫素，配种效果更佳。

批次生产技术的应用对猪场具有多方面的重要作用，如有利于猪病净化、猪群健康管理，提高劳动效率及降低生产运营成本等。但并不能指望该技术改善因猪群健康、管理不当等问题所带来的不利影响，正确使用该技术除了需对不同生殖激素的功能和作用机理有一定了解，还应基于对猪场管理水平、设施设备应用情况、猪群健康情况以及猪群营养状态等方面的认识，针对猪场综合情况，制定出适应本猪场特点的批次生产技术方案。

参考文献

［1］包高良,刘孟洲,李爱赟,等. 引进后备种猪隔离方法的探讨［J］. 养猪,2017（2）:73-76.

［2］步玉梅. 规模猪场引进种猪注意事项［J］. 畜牧兽医科学,2020（11）:72-73.

［3］陈红玲,黎作华,万春燕,等. 规模化猪场后备母猪的驯化管理［J］. 广东畜牧兽医科技,2016,41（1）:11-12.

［4］陈瑶生. 现代高效养猪实战方案［M］. 北京:金盾出版社,2013.

［5］褚青坡. 母猪发情征状候选基因的挖掘［D］. 南京:南京农业大学,2017.

［6］代广军,苗连叶. 规模养猪细化管理技术图谱［M］. 北京:中国农业大学出版社,2010.

［7］杜艳波. 猪群健康监测与管理［J］. 畜禽饲养,2012（6）:35.

［8］范开运. 生殖激素对母猪发情周期的调节［J］. 吉林畜牧兽医,2017,38（11）:39-40.

［9］方雨彬,齐树河,付太银,等. 引进后备母猪的隔离饲养措施［J］. 中国畜牧业,2020（10）:76-77.

［10］费学俊. 雄烯酮可减少母猪攻击寄仔的行为［J］. 中国畜牧杂志,2000,36（3）:43.

［11］封林,刘光文,薛翠云. 妊娠母猪的饲养管理技术［J］. 畜禽业,2014（11）:59-60.

［12］付四伟,朱丹,魏文栋. 后备种猪的隔离驯化技术［J］. 畜禽业,2011（11）:52-53.

［13］盖德. 现代养猪生产技术［M］. 张佳,潘雪男,周绪斌译. 北京:中国农业出版社,2015.

［14］韩俊文. 养猪学［M］. 北京:中国农业出版社,1999.

［15］何顺,于朋涛. 浅谈规模猪场引种管理措施［J］. 现代农村科技,2019（10）:53-54.

［16］花泽雄,蓝春倩. 母猪断奶后定时输精试验报告［J］. 山东畜牧兽医,2009,30（10）:3-5.

［17］黄梅芝．后备母猪的引种、隔离、驯化及培育技术要点［J］．中国动物保健，2019，21（12）：34-35．

［18］金玉华，刘玉珍，谭媛媛．种母猪各时期的管理目标及成绩分析［J］．养殖技术顾问，2009（12）：17．

［19］孔祥莹．种猪的合理淘汰与后备种猪的选育［J］．现代畜牧科技，2017（4）：33．

［20］李俊杰，刘彦，翁士乔，等．母猪定时输精技术及存在的若干问题［J］．猪业科学，2018，35（6）：46-48．

［21］李俊杰，王栋，刘彦，等．母猪批次化生产研发进展［J］．猪业科学，2021，38（5）：48-52，4．

［22］李瑞甫，杨家民．规模猪场引进种猪时应注意的事项［J］．山东畜牧兽医，2019，40（11）：13．

［23］李少剑，韦磊，樊斌，等．规模化猪场哺乳母猪的精细化管理［J］．猪业科学，2013，30（4）：50-53．

［24］李世杰．引进种猪中存在问题及饲养管理要点［J］．畜牧兽医科学（电子版），2019（8）：81-82．

［25］李文刚，甘孟侯．猪病诊断与防治［M］．北京：中国农业大学出版社，2002．

［26］李彦，牛艳，马敬国．规模猪场种猪的选择及选配［J］．山东畜牧兽医，2014，35（6）：24-25．

［27］梁国栋．生猪引种风险防控［J］．四川畜牧兽医，2021，48（4）：40，42．

［28］林浩，纪英杰，于洪娟．猪场引种防疫措施［J］．吉林畜牧兽医，2020，41（7）：9-10．

［29］刘龙芳，舒邓群，林全田，等．长白猪泌乳性能与仔猪生长发育的测定［J］．江西农业大学学报，1989（1）：52-59．

［30］刘鹏，陈茂林，杨亚丽．规模养猪场如何安全引种［J］．畜牧兽医杂志，2013，32（3）：70-72．

［31］刘启志．猪场引种方法和注意事项［J］．现代畜牧科技，2021（8）：58-59．

［32］马盘河，安利民．现代猪病诊断与防治技术［M］．郑州：中原农民出版社，2019．

［33］马永喜．母猪的信号［M］．北京：北京博亚和农牧公司，2012．

［34］秦玉圣，白佳桦，张司龙，等．母猪批次生产同期发情激素调控及应用［J］．猪业科学，2021，38（05）：53-56．

［35］秦志伟，王庆伟．种母猪的引进和饲养管理［J］．畜禽业，2011（11）：28．

［36］单妹，晏向华，凌宝明，等．几种常用生殖激素在养猪生产使用中的一些注意

事项[J].广东饲料,2020,29(4):46-48.

[37]沈君,杨光,方礼禄,等.定时输精对断奶母猪的发情、受胎率及产仔数的影响[J].猪业科学,2017,34(10):106-107.

[38]宋广鹏.猪场引种常见误区及安全引种的关键措施[J].现代畜牧科技,2020(7):66-67.

[39]孙杰龙,丁宁,宋灵峰,等.提前启动后备母猪初情期的主要技术措施[J].养猪,2019(1):43-44.

[40]孙志勇.母猪精准批次化生产的理论与实践[J].畜牧产业,2021(8):17-19.

[41]王锋,动物繁殖学[M].北京:中国农业大学出版社,2013.

[42]王京兰,薛瑜,吴鹏威,等.烯丙孕素在母猪批次生产中的应用[J].中国畜禽种业,2021,17(4):114-115.

[43]王能武.浅谈地方猪品种育成与发展[J].中国畜禽种业,2020,16(12):83-84.

[44]王太清.一小型规模化猪场引进种猪疫苗免疫前后检测与分析[J].山东畜牧兽医,2020,41(5):10-11.

[45]王晓峰.规模猪场引进种猪时注意事项[J].畜牧兽医科学(电子版),2020(3):50-51.

[46]王雪飞.种猪淘汰及其防疫管理[J].畜牧兽医科技信息,2016(4):82.

[47]王艳.种猪的淘汰标准[J].农村百事通,2015(18):49.

[48]王悦,刘从敏.后备猪的隔离适应[J].今日养猪业,2016(6):42-43.

[49]文士心.猪场引进种猪应注意的事项[J].农村养殖技术,2013(4):15-16.

[50]翁士乔.母猪定时输精技术[J]国外畜牧学·猪与禽,2016,36(6):1-3.

[51]翁士乔,裘永浩,张宏,等.定时输精技术对经产母猪繁殖性能的影响[J].今日养猪业,2015(9):84-86.

[52]吴正杰.种猪淘汰与更新的程序化管理[J].今日养猪业,2016(3):60-62.

[53]徐树法,敖文利.我国地方种猪的优良特性[J].科技传播,2010(7):100-101.

[54]杨公社.猪生产学[M].北京:中国农业大学出版社,2002.

[55]杨光希,张瑜,曾碧涛,等.猪繁殖生理与人工授精新技术讲座(一)[J].四川畜牧兽医,2008(1):39-40.

[56]杨丽梅.前列腺素在猪繁殖中的应用[J].养猪,2017(1):89-91.

[57]杨伦,孙强,曾勇庆.批次化生产模式在现代养猪生产中的应用[J].养猪,2017(1):74-76.

[58]杨世红,王志军.母猪的生殖生理因素[J].国外畜牧学(猪与禽),2012,32(6):72-73.

[59] 杨仕群. GnRH 免疫及其在畜牧业上的应用[J]. 四川畜牧兽医,2004(1):35-36+38.

[60] 张洪尧,唐式校. 母猪饲养应注意的 5 个方面[J]. 现代畜牧科技,2012(4):33-33.

[61] 张金松,史建民,金穗华.《种公猪站建设技术规范 NY/T 2077—2011》解读[J]. 中国畜牧杂志,2012,48(18):36-38.

[62] 张亮,朱丹,潘红梅,等. 北美母猪的定时输精和批次化管理研究进展[J]. 上海农业学报,2017,33(6):118-122.

[63] 张守全. 猪的生殖生理与人工授精技术讲座 第三讲 母猪生殖生理[J]. 养猪,2006(4):9-12.

[64] 张志,刘爽,张燕霞等. 猪精液中五种病毒的初步检测[J]. 动物医学进展,2012,33(7):112-115.

[65] 张志明. 猪场引种的前与后[J]. 畜牧兽医科技信息,2019(6):120.

[66] 赵美君,徐秉华. 猪群的健康监测和保健措施[J]. 疫病防治,2007(8):32.

[67] 赵倩倩,李庆云,王龙岩,等. 母猪批次化管理关键激素研究进展[J]. 黑龙江动物繁殖,2020,28(6):23-28.

[68] 郑先格. 生猪引种过程中的防疫管理[J]. 今日畜牧兽医,2020,36(1):45.

[69] 周胜花,宋献艺. 催乳素(PRL)及其受体基因在猪中应用的研究进展[J]. 畜牧兽医科技信息,2013(3):9-11,12.

[70] 朱金凤,陈功义. 动物解剖[M]. 2 版. 重庆:重庆大学出版社,2014.

[71] 猪营养需要量:GB/T 39235—2020.

[72] ALARCÓN L V, ALLEPUZ A, MATEU E. Biosecurity in pig farms:a review[J]. Porcine Health Manag,2021,7(1):5.

[73] D'ALLAIRE S, STEIN T E, LEMAN A D. Culling patterns in selected Minnesota swine breeding herds[J]. Can J Vet Res,1987,51(4):506-512.

[74] DIEHL J R,DAYB N. Effect of prostaglandin F2 alpha on luteal function in swine[J]. Journal of Animal Science,1974,39:392-396.

[75] DYCK G W . Ovulation rate and weight of the reproductive organs of yorkshire and lacombe swine[J]. Canadian Journal of Animal Science, 1971, 51(1):141-146.

[76] FARMER C, PALIN M F, LÖSEL D, et al. Impact of diet deprivation and subsequent over-allowance of gestating sows on mammary gland and skeletal muscle development of their offspring at puberty[J]. Livestock Science,2015,175:113-120.

[77] GIUFFRA E, KIJAS J M, AMARGER V, et al. The origin of the domestic pig: independent domestication and subsequent introgression[J]. Genetics, 2000,154(4):1785-1791.

[78] HURLEY W L,BRYSON J M. Enhancng sow productivity through an under:tanding of mammary gland biology and lactation physiology[J]. Pig News anlnformation 1999,20(4):125.

[79] JI F, HURLEY W L, KIM S W. Characterization of mammary gland development in pregnant gilts[J]. Journal of Animal Science, 2006, 84(3):579.

[80] KIM S W, HURLEY W L,HANT I K, et al. Growth of nursing pigs related to the characteristics of nursed mammary glands[J]. Journal of Animal Science, 2000, 78(5):1313-1318.

[81] NIELSEN O L, PEDERSEN A R, SØRENSEN M T. Relationships between piglet growth rate and mammary gland size of the sow[J]. Livestock Production Science, 2001, 67(3):273-279.

[82] NOGUCHI M, IKEDO T, KAWAGUCHI H, et a1. Estrus synchronization in microminipig using estradiol dipmpionate and prostaglandin F2a[J]. Journal of Reproduction and Development, 2016,62(4):373-378.

[83] SCHWARZ T, MURAWSKI M, WIERZCHOS E, et al. An ultrasonographic study of ovarian antral follicular dynamics in prepubertal gilts during the expected activation of the hypothalamic-pituitary-ovarian axis[J]. J Reprod Dev, 2013, 59:409-414.

[84] TANABE T Y,WARNIEK A C,CASIDA L E,et al. The effects of gonadotrophins administered to sows and gilts during different stages of the estrual cycle[J]. J Anim Sci,1949,8(4):550-557.

[85] ZHAO Y, LIU X, MO D, et al. Analysis of reasons for sow culling and seasonal effects on reproductive disorders in Southern China[J]. Anim Reprod Sci,2015,159:191-197.